Rudolph / Kiesel / Aumnate
Einführung Kunststoffrecycling

Natalie Rudolph
Raphael Kiesel
Chuanchom Aumnate

Einführung Kunststoffrecycling

Ökonomische, ökologische und technische Aspekte der Kunststoffabfallverwertung

HANSER

Die Autoren:

Dr.-Ing. Natalie Rudolph, AREVO, Inc., Milpitas, CA, U.S.A.

Raphael Kiesel, M.Sc., Frauenhofer Institute for Production Technology (IPT), Aachen, Germany

Chuanchom Aumnate, Ph.D., Chulalongkorn University, Thailand

MIX
Papier aus verantwortungsvollen Quellen
FSC® C016439
FSC
www.fsc.org

Bibliografische Information der Deutschen Nationalbibliothek:

Die Deutsche Nationalbibliothek verzeichnet diese Publikation in der Deutschen Nationalbibliografie; detaillierte bibliografische Daten sind im Internet über <http://dnb.ddb.de> abrufbar.

www.hanser-fachbuch.de
Herstellung: le-tex publishing services GmbH, Leipzig
Coverconcept: Marc Müller-Bremer, www.rebranding.de, München
Coverrealisierung: Max Kostopoulos
Druck und Bindung: Hubert & Co. GmbH und Co. KG BuchPartner, Göttingen
Printed in Germany

ISBN: 978-3-446-45880-2
E-Book-ISBN: 978-3-446-46128-4

Vorwort

Kunststoffe sind heutzutage überall in unserem Leben zu finden. Am Morgen benutzen wir sie in Form einer Zahnbürste und Zahnpastatube, auf dem Weg zur Arbeit im Auto als Scheibenwischer, Sitz oder Fensterheber, auf der Arbeit als Tastatur oder Werkzeuggriff und beim Einkaufen als Verpackungsfolie über unserem Gemüse oder der Tafel Schokolade. Wie diese Beispiele zeigen, haben Kunststoffe ganz unterschiedliche Einsatzzwecke und -nutzen. Während sie uns in den technischen Anwendungen oft Gewicht ersparen und somit den Kraftstoffverbrauch senken, gibt es auch viele Alltagsgegenstände, in denen ihr Einsatz immer wieder im Hinblick auf den gesamten Life Cycle überdacht werden sollte. Ist z. B. die Funktion, das Gewicht oder die Haltbarkeit verbessert, ist der Einsatz durch den positiven Einfluss auf den gesamten Life Cycle oft von Vorteil. Hat die Verwendung jedoch mehr negative als positive Folgen, so sollten Alternativen bereits in der Design-Phase in Erwägung gezogen werden. Trotz der unzähligen Innovationen, die durch Kunststoffe ermöglicht wurden und auch in Zukunft realisiert werden, ist der nachhaltige Umgang mit diesem wertvollen Material unabdingbar.

Stellt sich der Einsatz von Kunststoff als die beste Variante heraus, sollte die Wiederverwendung und Reparatur als nächste Option in Betracht gezogen werden. Hiervon haben wir uns im industriellen Einsatz weit entfernt, aber auch hier sind innovative Lösungen denkbar. Nach dem Motto „Reduce, Reuse, Recycle“, sollte das Recycling von Kunststoffabfällen erst die dritte Option darstellen. Das bedeutet aber nicht, dass diese unwichtig ist. Das Recycling von Kunststoffabfällen gewinnt von Tag zu Tag mehr an Bedeutung und ist nun auch in den Fokus der breiten Öffentlichkeit gelangt. Dies ist vor allem durch die alarmierenden Zahlen zum Kunststoffabfall in den Ozeanen begründet. Derzeit gelangen jährlich mehr als 8 Millionen Tonnen Kunststoffe in die Ozeane und diese Zahl wird noch steigen, wenn wir die Handhabung von Kunststoffabfällen nicht ändern. Das Bewusstsein über diese katastrophalen Auswirkungen hat bereits zu einem Umdenken der Bevölkerung geführt und die Verwendung von Plastiktüten beim Einkaufen ist mittlerweile so absurd wie das Entsorgen der Zahnbürste nach nur einmaliger Verwendung wäre.

Aus diesem Grund möchten wir in unserem Buch aufzeigen, welches ungenutzte Potenzial im Recycling von Kunststoffen steckt – sowohl aus ökologischer, ökonomischer als auch technologischer Sicht. Unser Fokus liegt dabei auf dem Recycling von Verpackungsabfällen. Diese stellen aktuell – insbesondere für die Umwelt – eine große Herausforderung dar, ihr Recycling bietet dafür umso mehr Möglichkeiten. Zudem ist das Nicht-Wiederverwenden von Kunstoffen mit dem Verlust von Rohöl gleichzusetzen und wird daher auch unter diesem Gesichtspunkt betrachtet.

Um dieses Potenzial darzustellen, beginnt das Buch mit einem allgemeinen Überblick über Abfallbehandlungsstrategien von Kunststoffen in Deutschland und Europa und stellt die Bedeutung der Kunststoffabfälle dar (Kapitel 1 und 2). Kapitel 3 fokussiert auf die technischen Aspekte und verschiedene Verfahren des Kunststoffrecyclings. In separaten Kapiteln werden die ökonomischen (Kapitel 4) sowie ökologischen Eigenschaften (Kapitel 5) verschiedener Abfallbehandlungsstrategien von Kunststoffen verglichen und bewertet. Die Analyse zeigt das Potenziale des Kunststoffrecyclings sowie die notwendigen Randbedingungen für einen Anstieg der Recyclingquote. Daher werden in Kapitel 6 verschiedene Szenarien zur Steigerung der Rentabilität des Recyclings analysiert. Nicht zuletzt wird in Kapitel 7 das weltweite Potenzial für die Abfallbehandlung und insbesondere das Kunststoffrecycling am Beispiel der USA und Chinas dargestellt.

Wir hoffen, dass wir Ihnen mit unserem Buch aufzeigen können, welche Bedeutung und Chancen das Recycling von Kunststoffen bietet und wie wir alle gemeinsamen einen Teil dazu beitragen können, dass unsere Welt ein kleines Stück verbessert wird – ob als Entscheider in einem großen Unternehmen, beim Wocheneinkauf im Supermarkt oder beim Entsorgen von Abfällen. Denn Sie werden im Laufe des Buches feststellen: Bereits die kleinen Dinge können eine riesige Wirkung haben!

Wir danken allen, die uns bei der Erstellung des deutschen Buches, sowie seiner englischen Erstausgabe unterstützt haben. Ein besonderer Dank gilt Andrea Homberg, Alexander Kies und Kerstin Cypris für die großartige Unterstützung bei der Übersetzung.

Die Autoren

Raphael Kiesel, Chuanchom Aumnate, Natalie Rudolph

Aachen/Bangkok/Santa Clara, CA im Oktober 2019

Für die Kinder, die an den Fridays-For-Future teilnehmen und teilgenommen haben

Inhalt

Die Autoren

Dr.-Ing. Natalie Rudolph ist Entwicklungsleiterin bei AREVO, Inc. Zuvor war sie Assistant Professor an der University of Wisconsin-Madison. Sie konzentriert sich vorwiegend auf die Entwicklung innovativer Prozesse und Materialien im Bereich Faserverbund und Kunststoff mit Fokus auf Additive Fertigung und Nachhaltigkeit.

Raphael Kiesel ist Gruppenleiter und Wissenschaftlicher Mitarbeiter am Fraunhofer-Institut für Produktionstechnologie IPT sowie Doktorand an der RWTH Aachen. Er ist im Bereich der Digitalisierung der Produktion tätig, mit dem Ziel der Effizienz und der Ressourcenschonung. Zuvor hat er im Bereich des Kunststoffrecyclings an der University of Wisconsin-Madison geforscht.

Dr. Chuanchom Aumnate ist Forscherin am Forschungsinstitut für Metallurgie- und Materialwissenschaften der Chulalongkorn University, Thailand. Zuvor war sie Wissenschaftliche Mitarbeiterin an der University of Wisconsin-Madison und Wissenschaftliche Mitarbeiterin am National Metal and Materials Technology Center, Thailand.

Akronyme und Abkürzungen

Abkürzung	Beschreibung
ABS	Acrylnitril-Butadien-Styrol-Copolymer
ASTM	American-Society-for-Testing-and-Materials
EPA	U.S., Environmental-Protection-Agency
EPS	Expandiertes Polystyrol
EU	Europäische Union
PE-HD	High-Density-Polyethylen
PE-LD	Low-Density-Polyethylen
HIPS	High-Impact(Hochschlagfestes)-Polystyrol
MFI	Melt-Flow-Index (engl.: Schmelzflussindex)
MSA	Materialsortieranlage
PA	Polyamid
PBT	Polybutylenterephthalat
PC	Polycarbonat
PE	Polyethylen
PEEK	Polyetheretherketon
PET	Polyethylenterephthalat
PLA	Polylactide (auch: Polymilchsäure)
PMMA	Polymethylmethacrylat
POM	Polyoxymethylene
PP	Polypropylen
PS	Polystyrol
PTFE	Polytetrafluorethylen
PU	Polyurethane
PVC	Polyvinylchlorid
r-PE-LD	Recyceltes Low-Density-Polyethylen
r-PP	Recyceltes Polypropylen
UV	Ultraviolett
WARM	EPA, Waste-Reduction-Model

1 Abfälle im Alltag – ein Überblick

Leere Plastikflaschen, die Zeitung vom Vortag, Eierschalen oder gebrauchte Teebeutel – sie alle haben eines gemeinsam: Sie gehören zum Siedlungsabfall, der üblicherweise als „Müll" bezeichnet wird. Siedlungsabfall bezieht sich auf Haushalts-, Büro- oder Einzelhandelsmüll und ist Teil des täglichen Lebens aller Menschen. Jeder Mensch in Deutschland erzeugt täglich rund 1,7 kg Siedlungsabfall, was 2016 zu einer Gesamtabfallmenge von 52,1 Millionen Tonnen (t) führte. Deutschland liegt damit deutlich über dem europäischen Durchschnitt, der bei 1,3 kg Abfall pro Person pro Tag liegt. Aufgrund der konstanten Abfallmengen sind die Handhabung und Entsorgung ein Dauerthema der Gesellschaft. Insbesondere der Wandel der Zusammensetzung, z.B. durch konstant wachsende Anteile an Kunststoffmüll, steigert den Bedarf nach einer noch besseren Handhabung der Abfälle. [1, 2, 3] Um die Auswirkungen von Kunststoffen und deren Recycling im Abfallstrom zu verstehen, ist es wichtig, die Zusammensetzung von Siedlungsabfällen und die aktuellen Strategien für deren Verwertung zu kennen.

1.1 Siedlungsabfälle – Ein täglicher Begleiter

Siedlungsabfälle werden generell als nicht gefährliche Abfälle deklariert. Das Bundesministerium für Umwelt, Naturschutz und nukleare Sicherheit (BMU) definiert Siedlungsabfälle als *„Abfälle aus privaten Haushalten und vergleichbaren Einrichtungen sowie hausmüllähnliche Abfälle aus Gewerbe und Industrie, zum Beispiel Abfälle aus Arzt- und Rechtsanwaltspraxen, Verwaltungsgebäuden, Schulen, Kindergärten, Krankenhäusern und Pflegeeinrichtungen; Ferner gehören zu den Siedlungsabfällen auch Sperrmüll, Marktabfälle, Straßenkehricht, Bioabfälle sowie getrennt erfasste Wertstoffe wie Glas und Papier."* [4]

Die Siedlungsabfälle im Sinne der Abfallbilanz in Deutschland umfassen alle Abfälle des Abfallkapitels 20 (Haushaltsabfälle und ähnliche gewerbliche und industrielle Abfälle sowie Abfälle aus Einrichtungen, einschließlich getrennt gesammelter Fraktionen) und der Abfallgruppe 1501 (Verpackungen – einschließlich getrennt gesammelter, kommunaler Verpackungsabfälle). Die Siedlungsabfälle werden maßgeblich differenziert in *haushaltstypische Siedlungsabfälle* und *sonstige* bzw. *nicht haushaltstypische* Siedlungsabfälle. Haushaltstypische Siedlungsabfälle im Sinne der Statistik schließen die direkt vom Endverbraucher im Haushalt erzeugten Abfälle ein, z. B. Hausmüll, Sperrmüll, Verpackungen, Garten- und Parkabfälle. [5]

Die Gesamtmenge an Siedlungsabfällen ist seit 2000 relativ konstant geblieben. So ist bis 2016 lediglich ein Anstieg um 4 % zu verzeichnen (50,1 mt in 2000; 52,1 mt in 2016). Allerdings hat der Anteil an haushaltstypischen Siedlungsabfällen im selben Zeitraum deutlich zugenommen. Lag er im Jahr 2000 noch bei 36,3 mt, betrug seine Menge im Jahr 2016 46,6 mt. Pro Einwohner in Deutschland bedeutet dies einen Anstieg von über 100 kg erzeugter Siedlungsabfälle pro Jahr – von 458 kg/Einwohner in 2000 auf 565 kg/Einwohner in 2016. Dies ist gleichbedeutend mit einem Zuwachs von 23,7 %. Dieser enorme Anstieg des Indikators „Siedlungsabfälle pro Kopf“, der auch Bestandteil der europäischen Strukturindikatoren ist, zeigt die Notwendigkeit der Betrachtung der Abfallbehandlung. [5, 6]

Der verzeichnete Anstieg hat dabei mehrere Ursachen. So hängt die Menge der erzeugten Siedlungsabfälle unter anderem vom Bevölkerungswachstum, der individuellen Kaufkraft und den Regularien hinsichtlich Produktverpackungen ab. Eine detaillierte Betrachtung der Zusammensetzung der Siedlungsabfälle gibt weiteren Aufschluss über die Ursachen für den Anstieg der Abfallmenge. Bild 1.1 zeigt die Siedlungsabfallzusammensetzung in Deutschland in 2000 und 2016. Dabei fällt insbesondere die Verdreifachung des Kunststoffabfallanteiles (siehe auch Bild 2.1) ins Auge, welche einen maßgeblichen Anteil an der Zunahme der Siedlungsabfälle hat. Dies zeigt auch, wie wichtig eine genaue Analyse der Abfallbehandlung von Kunststoffen ist. Bild 1.1 gibt dabei erste Aufschlüsselung über die Trends im Verbraucherverhalten und in der Abfallproduktion von Kunststoffen (z. B. Single-Use Produkte, Verpackungsmüll), die in Kapitel 2 näher erläutert werden.

Im weiteren Verlauf des ersten Kapitels wird aufgezeigt, welche besondere Bedeutung die Zusammensetzung der Siedlungsabfälle für die Abfallbehandlung hat. [2]

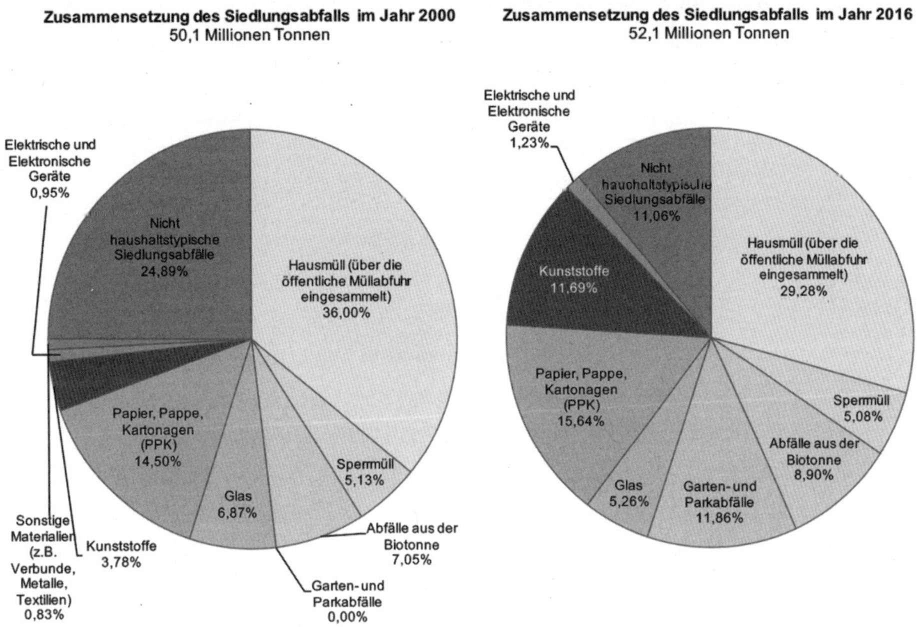

Bild 1.1 Vergleich der Siedlungsabfallzusammensetzung in Deutschland in den Jahren 2000 und 2016 (Gewichtsverteilung)

1.2 Behandlungsmethoden von Siedlungsabfällen

Im Allgemeinen wird zwischen drei Behandlungsmethoden von Siedlungsabfällen unterschieden:

1. Deponierung
2. Verbrennung bzw. Thermische Behandlung mit Energierückgewinnung
3. Recycling

Bild 1.2 zeigt eine Übersicht der aktuellen Verteilung der drei Behandlungsmethoden in Europa und Deutschland im Jahr 2016, sowie den Stofffluss des Abfalls. Die Kompostierung von organischen Abfällen, die in einigen Quellen separat zu den drei genannten Verfahren aufgeführt ist, wird dabei dem Recycling zugeordnet. Da dieses Verfahren für die Abfallbehandlung von Kunststoffen nicht relevant ist, wird es in der Folge nicht weiter erläutert. Die 28 Länder der EU haben im Jahr 2016 insgesamt 249 mt Siedlungsabfälle produziert. Davon wurden 66 mt deponiert, 68 mt energetisch verwertet und 114 mt recycelt bzw. kompostiert (Recycling: 73 mt; Kompostierung: 41 mt). Von den 52 mt Tonnen Siedlungsabfällen in Deutschland wurden lediglich 2,9 mt deponiert (davon 1,9 mt verbrannt, jedoch ohne energetische Rückgewinnung), 14,2 mt energetisch verwertet und 34,9 mt recycelt. [6, 7]

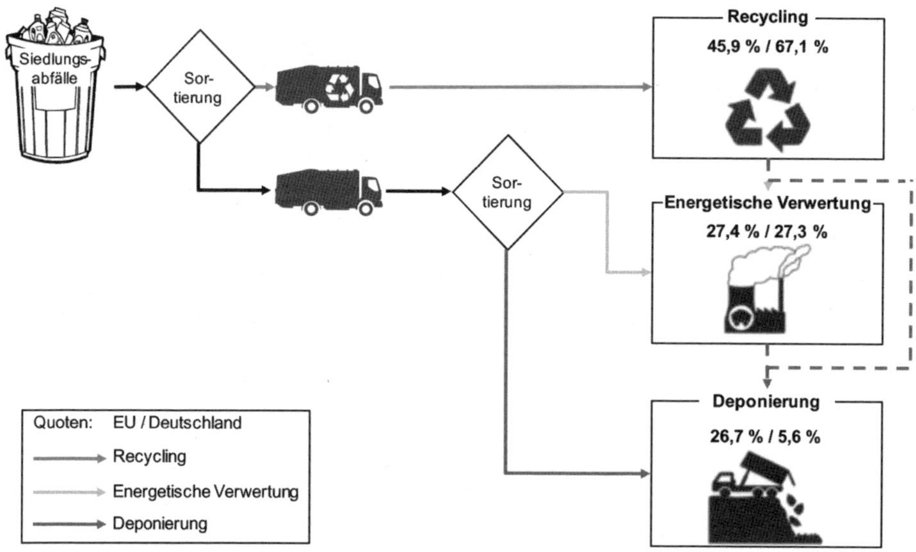

Bild 1.2 Flussdiagramm und Quoten der Abfallbehandlung in der EU und Deutschland im Jahr 2016

Durch das wachsende Umweltbewusstsein, sowie strengere Regularien, insbesondere hinsichtlich der Deponierung, ist die Recyclingrate in den letzten Jahren konstant gewachsen, bei einer gleichzeitig deutlich sinkenden Deponierungsrate. So lag die Deponierungsrate der EU im Jahr 1996 noch bei 64,2 %, die Recyclingrate lediglich bei 12,8 %. Insbesondere in den Ländern, zu denen auch Deutschland gehört, in denen ein Verbot für Deponierung vieler Abfallarten herrscht, geht die Deponierungsrate rasant zurück. Für Kunststoffe ist dieser Trend noch deutlicher, wie es in Tabelle 1.1 dargestellt ist. [3, 6, 7]

Tabelle 1.1 Veränderung der Kunststoffabfallbehandlungsquoten zwischen 2006 und 2016

Behandlungsart	Menge in 2006 [Mt]	Anteil in 2006 [%]	Menge in 2016 [Mt]	Anteil in 2016 [%]
Deponieren	12,9	52,4	7,4	27,3
Verbrennung mit Energierückgewinnung	7,0	28,5	11,3	41,7
Recycling	4,7	19,1	8,4	31,0
Gesamtmenge an Kunststoffabfällen	24,6	100	27,1	100

Doch auch die technologischen Fortschritte machen sich hier bemerkbar. Sowohl in der Konstruktion bzw. im Design von Produkten (Recyclinggerechte Konstruktion), als auch im Bereich der Verwertungsmethoden, speziell im Recycling, wurden in den letzten zwei Jahrzehnten innovative Verfahren entwickelt. Speziell durch die Digitalisierung und die damit einhergehende Möglichkeit der vollständigen Dokumentation werden weitere Fortschritte im Bereich des Recyclings erwartet.

In den folgenden Abschnitten 1.2.1 bis 1.2.3 werden die drei hauptsächlichen Abfallbehandlungsverfahren in Europa bzw. Deutschland - Deponierung, Verbrennung bzw. thermische Behandlung mit Energierückgewinnung und Recycling - genauer dargestellt.

1.2.1 Deponierung

Deponien beschreiben technische Flächen, die für die kontrollierte Ablagerung von festen Abfällen auf oder in das Land genutzt werden. [8]

Nach der Abfallhierarchie der Europäischen Gemeinschaft ist die Deponierung die am wenigsten vorzuziehende Option und sollte auf das notwendige Minimum beschränkt werden. Sind Abfälle allerdings weder recycelbar noch energetisch verwertbar, so müssen sie auf Deponien gelagert werden, die den Anforderungen der Richtlinie 1999/31/EG über Abfalldeponien entsprechen. Ziel der Richtlinie ist es, durch die Einführung strenger technischer Anforderungen an Abfälle und Deponien negative Auswirkungen auf die Umwelt, insbesondere auf Oberflächengewässer, Grundwasser, Boden, Luft und die menschliche Gesundheit, zu vermeiden und diese so weit wie möglich zu minimieren. [9]

Die Deponierichtlinie definiert die vier verschiedenen Abfallkategorien (Siedlungsabfälle, gefährliche Abfälle, nicht gefährliche Abfälle und Inertabfälle) und gilt für alle Deponien innerhalb der Europäischen Gemeinschaft. Sie stellt das Mindestmaß der Regularien dar; vereinzelte Länder haben strengere Vorschriften für die Deponien.

Deponien werden gemäß der 1999/31/EG in drei Klassen eingeteilt [10]:

- Deponien für gefährliche Abfälle
- Deponien für nicht gefährliche Abfälle
- Deponien für Inertabfälle

Gemäß der Richtlinie dürfen zudem folgende Abfälle nicht deponiert werden [10]:

- flüssige Abfälle
- brennbare Abfälle
- explosive oder oxidierende Abfälle
- Krankenhausabfälle und andere klinische Abfälle, die infektiös sind
- Altreifen

Um sicherzustellen, dass die Abfälle deponierbar sind und auf den richtigen Deponieklassen enden, regelt die Richtlinie 2003/33/EG die Kriterien und Verfahren für die Annahme von Abfällen auf Abfalldeponien innerhalb Europas. Dabei werden folgende Anforderungen überprüft, bevor Abfälle für Deponien zugelassen werden [11]:

- Quelle und Herkunft der Abfälle
- Prüfung, ob der Abfall verwertet oder wiedergewonnen werden kann
- Informationen über den Herstellungsprozess, bei dem die Abfälle anfallen
- Äußerer Eindruck des Abfalls (Geruch, Farbe, physikalische Beschaffenheit)
- Code entsprechend dem Europäischen Abfallverzeichnis (siehe Richtlinie 2001/118/EG)
- Informationen zum Nachweis, dass der Abfall nicht unter die Ausnahmen (siehe Aufzählung) fällt
- Deponieklasse, in welcher der Abfall angenommen werden kann
- Erforderlichenfalls: Vorkehrungen festlegen, die noch zusätzlich zu treffen sind

In Deutschland sind die Vorschriften für Deponien strenger reguliert als durch die europäischen Richtlinien vorgegeben. So existieren fünf Deponieklassen, die in Tabelle 1.2 dargestellt sind. [12]

Tabelle 1.2 Überblick der Deponieklassen in Deutschland 2017

Deponieklasse	Abfälle	Anzahl 2017
DK 0	Inertstoffe	777
DK I	Mineralische Abfälle	131
DK II	Siedlungsabfälle	144
DK III	Gefährliche Abfälle	26
DK IV	Untertagedeponien	4

Diese strengeren Regularien spiegeln sich in Deutschland auch an der Anzahl der Deponien wider. Waren es 2005 noch 1948, ist die Anzahl in 2017, wie Tabelle 1.2 zeigt, auf 1082 zurückgegangen.

Die in diesem Buch betrachteten Siedlungsabfälle entsprechen in der Regel den deponierbaren Abfällen. Sind sie nicht recycelbar oder energetisch verwertbar, werden sie auf den Deponien der Klasse DK II *„Siedlungsabfälle“* gelagert bzw. nach europäischem Standard auf Deponien für *„nicht gefährliche Abfälle“*, auf die im weiteren Verlauf des Buches (insbesondere bei der Wirtschaftlichkeitsbetrachtung in Kapitel 4) eingegangen wird. Da der Fokus auf Kunststoffen liegt und diese in der Regel weder gefährlich noch inert sind, findet keine weitere Betrachtung der anderen Deponieklassen statt.

1.2.2 Verbrennung mit Energierückgewinnung

Müllverbrennung bzw. die *thermische Abfallbehandlung* beschreibt die Verbrennung der atmosphärisch brennbaren Anteile von Abfall zum Zwecke der Volumenreduzierung des Abfalls unter Nutzung der enthaltenen Energie. Zur Müllverbrennung werden *Müllverbrennungsanlagen* (MVA) eingesetzt. Da die im Abfall enthaltene Energie (mit wenigen Ausnahmen) zur Erzeugung von elektrischem Strom und/oder Heizwärme (Dampf) genutzt wird, werden MVAs auch *Müllkraftwerk (MKW), Müllheizwerk (MHW)* oder *Müllheizkraftwerk (MHKW)* genannt – je nachdem, ob sie nur elektrische Energie (-kraftwerk), nur Wärme (-heizwerk) oder beides (-heizkraftwerk) erzeugen. Im Rahmen dieses Buches wird allgemein von Müllverbrennungsanlagen gesprochen. Für die Berechnungen in Kapitel 4 werden Müllheizkraftwerke betrachtet. [14]

In der Abfallhierarchie Europas und Deutschlands – *Vermeidung, Vorbereitung zur Wiederverwertung, Recycling, sonstige Verwertung (insb. energetische Verwertung), Beseitigung* – steht die thermische Abfallbehandlung hinter dem Recycling aber vor der Deponierung. Von der Hierarchie kann unter Anwendung von gewissen Kriterien abgewichen werden, wenn z. B. die Maßnahme unter Berücksichtigung des ganzen Lebenszyklus besser für Mensch und Umwelt ist. Zur Bewertung werden Emissionen, Schonung von Ressourcen, einzusetzende bzw. zu gewinnende Energie und die Anreicherung von Schadstoffen herangezogen. Aufgrund der Umweltschädlichkeit und strengen Regulierung der Deponierung, insbesondere in Deutschland, sowie der teilweise geringen Effizienz von Recyclingprozessen, ist der absolute Anteil der Müllverbrennung von Siedlungsabfällen in den letzten Jahren gestiegen. 2016 wurden dabei zwei Drittel zur Energieerzeugung eingesetzt, maßgeblich in Biomassekraftwerken und Ersatzbrennstoffkraftwerken. [14, 15, 16, 17]

Die erste Müllverbrennungsanlange in Deutschland wurde 1893 in Hamburg erbaut und 1896 in Betrieb genommen. Im Jahr 2016 waren 68 Müllverbrennungsanlagen im Betrieb, welche im Schnitt 282 Mg/a (Megagramm bzw. Tonne pro Ar) Abfall verbrennen. Im Durchschnitt produziert 1 Tonne Abfall dabei 525 kWh Strom, was der Energie entspricht, die von einer 1/4 Tonne Kohle oder einem Barrel (159 Liter) Öl erzeugt wird. [18, 19]

Bild 1.3 zeigt die allgemeinen Arbeitsschritte bzw. den Ablauf in einer Müllverbrennungsanlage. Nachdem der Abfall auf den Kippboden (1) entladen wurde, wird er von einem Kran aufgenommen und in eine Verbrennungsanlage (2) befördert. Bei der Verbrennung des Abfalls in der Verbrennungsanlage entstehen drei verschiedene „Produkte“: Asche, Rauchgase und Wärme. Während sowohl Asche als auch Rauchgase Abfallprodukte sind, ist die erzeugte Wärme sehr wertvoll. Die Wärme wird genutzt, um Wasser in einem großen Tank zu kochen und so Dampf zu erzeugen (3). Mit dem Dampf wird ein Turbinengenerator betrieben, der Energie erzeugt, meist in Form von Strom (4). Die Rauchgase passieren ein Schadstofffiltersystem, bevor sie mit Wasserdampf vermischt und in die Luft geblasen werden. Dieser Schadstofffilter beinhaltet ein Stickoxid-Entfernungssystem, ein Quecksilber- und Dioxin-Entfernungssystem (5), ein Sauergas-Entfernungssystem (6), ein Partikel-Entfernungssystem (7) und den abschließenden Schadstoffkontrolltest (7). Die restliche Asche wird zu einem Müllwagen transportiert und zur nächsten Deponie (8) transportiert, wo sie mit den unbehandelten Deponieabfällen vermischt wird. [18]

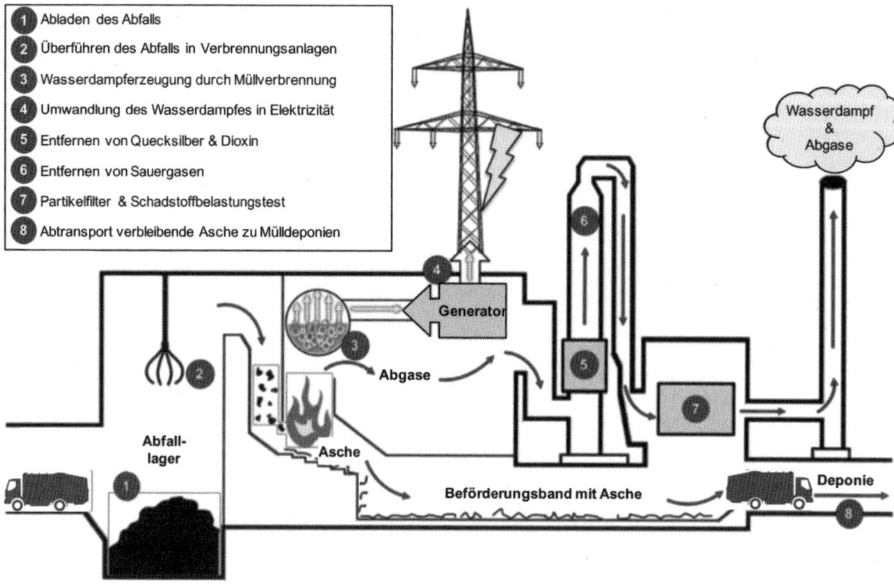

Bild 1.3 Darstellung der Arbeitsschritte in einer Müllverbrennungsanlage

Ein relativ neues Verfahren unter den Verbrennungstechnologien ist die *Pyrolyse*, welche Kunststoffe wie PE, PP und PS in leichtes Rohöl umwandelt. Sie ist in der Lage, aus 1 kg Kunststoff 1 L Öl zu produzieren, wofür 1 kWh Strom für den Betrieb der Verarbeitungsmaschinen benötigt wird. Dabei werden Kunststoffflocken auf ca. 400 °C erhitzt, um das Kunststoffmaterial in Aktivkohle und Gas zu zerlegen. Das Gas wird dann kondensiert und zu Öl verflüssigt. Das verbleibende Gas wird gefiltert und als Kohlendioxid und Dampf freigesetzt. Obwohl die Technologie vielversprechend und kommerziell verfügbar ist, ist sie aufgrund der Anfangsinvestitionen in die meisten Regionen heute noch nicht wirtschaftlich. In Deutschland wird sie für das Recycling von Autoreifen schon kommerziell eingesetzt. [20]

1.2.3 Recycling

Recycling wandelt Materialien und Produkte, die sonst zu Abfall würden, in wertvolle Ressourcen um. Elektrogeräte, Glas, Papier und Pappe, Bioabfall, Verpackungen und Sperrmüll sind die Haushaltsabfälle mit der höchsten Recyclingrate in Deutschland. [21]

Der allgemeine zyklische Recyclingprozess besteht aus drei Hauptschritten:

1. Sammlung der Wertstoffe
2. Aufbereitung der Wertstoffe und Umwandlung in neue Produkte
3. Verkauf der recycelten Produkte

Recycling findet dabei maßgeblich auf zwei Arten statt: *Single-Stream Recycling* und *Dual- bzw. Multi-Stream Recycling.*

Single-Stream bzw. *Einzelstrom-Recycling* bezeichnet ein System, bei dem ein Haushalt (oder Abfallerzeuger) Wertstoffe in einen einzelnen gemischten Behälter stellt. Dieses Material wird dann in speziell konfigurierten Recycling-LKWs gesammelt und zu einer Single-Stream-Materialsortieranlage (MSA) transportiert. Dual bzw. Multi-Stream-Recycling (*Zweistrom-/Mehrstrom-Recycling*) ist ein Sammelverfahren, bei dem bereits die Abfallerzeuger die unterschiedlichen Abfallarten in zwei (oder mehr) getrennten Behältern (z. B. Papier, Kunststoff, Glas, Metall) entsorgen. Mehrstrom-Sammelfahrzeuge haben für jeden Behälter ein separates Fach. Sie sammeln und transportieren die Wertstoffe zu einer Mehrstrom-MSA, die speziell für die Sortierung und Verarbeitung von den bereits getrennten Abfällen konfiguriert ist. In den Kapiteln 4 und 6 dieses Buches wird detaillierter auf die beiden genannten Verfahren eingegangen. [22]

Wie diese Ströme gestaltet sind (z. B. kompletter Einzelstrom, vollständige Trennung aller Wertstoffe, gemeinsame Einsammlung von Werkstoffen) hängt vom jeweiligen Land und in Deutschland sogar vom Bundesland bzw. einzelnen Städten ab. Neben den Tür-zu-Tür (engl.: door-to-door) Recyclingströmen existieren zudem stationäre Recyclingcontainer (z. B. für Papier und Glas) oder auch Recyclinghöfe (z. B. für Elektroschrott oder Spermüll). In 3 der 28 Hauptstädten der EU wird sogar gar kein Abfall abgeholt, sondern nur über zentrale Stellen gesammelt und recycelt. In den meisten Ländern sind Mischformen des Recyclings implementiert, wie Tabelle 1.3 zeigt. [23]

Da das Multi-Stream-Recycling in vielen Mischformen auftreten kann, wird in Kapitel 4 als Standardfall zunächst das Single-Stream-Recycling betrachtet. Dieses ist zudem in den USA, das infrastrukturell mit Europa vergleichbar ist, sehr verbreitet. In Kapitel 6 wird dann auf eine Form des Multi-Stream-Recyclings eingegangen, bei dem Kunststoffe separat von allen anderen Werkstoffen gesammelt werden.

Tabelle 1.3 Überblick über die Sammelsysteme in den 28 Hauptstädten der EU

Hauptstadt	Vollständige Trennung (Tür-zu-Tür)	Teilweise Trennung/Single-Stream (Tür-zu-Tür)	Zentrale Private Einrichtungen	Zentrale Öffentliche Einrichtungen
Amsterdam	X		X	X
Athen	X	X	X	
Berlin	X	X	X	X
Bratislava			X	X
Brüssel	X	X	X	X
Bukarest			X	
Budapest	X	X	X	
Kopenhagen	X		X	X
Dublin	X	X	X	X
Helsinki	X		X	X
Lissabon	X		X	X
Ljubljana	X	X	X	X
London	X	X	X	X
Luxemburg	X	X	X	X
Madrid		X	X	X
Nicosia	X	X	X	X
Paris	X	X	X	X
Prag			X	X
Riga	X		X	X
Rom	X	X	X	
Sofia	X	X	X	X
Stockholm	X		X	X
Tallinn	X	X	X	X
Valletta	X	X	X	X
Wien	X	X	X	X
Vilnius	X	X	X	X
Warschau	X	X		
Zagreb	X	X	X	X

Literaturverzeichnis zu Kapitel 1

[1] Center for Sustainable Systems. *Municipal Solid Waste*. University of Michigan, Ann Arbor, MI. 2015.

[2] Umweltbundesamt. *Kunststoffabfälle*. URL: https://www.umweltbundesamt.de/daten/ressourcen-abfall/verwertung-entsorgung-ausgewaehlter-abfallarten/kunststoffabfaelle#textpart-1 [Stand: 21.07.2019]

[3] Europäisches Parlament. *Abfallwirtschaft in der EU: Zahlen und Fakten*. URL: http://www.europarl.europa.eu/news/de/headlines/society/20180328STO00751/abfallwirtschaft-in-der-eu-zahlen-und-fakten [Stand: 21.07.2019]

[4] Bundesministerium für Umwelt Naturschutz und Nukleare Sicherheit (BMU). *Siedlungsabfälle*. URL: https://www.bmu.de/themen/wasser-abfall-boden/abfallwirtschaft/abfallarten-abfallstroeme/siedlungsabfaelle/ [Stand: 21.07.2019]

[5] Statistisches Bundesamt (Destatis). Umwelt: *Abfälle – Abfallaufkommen/-verbleib, Abfallintensität, Abfallaufkommen nach Wirtschaftszweigen 2017*. Wiesbaden. 2017.

[6] Umweltbundesamt. *Abfallaufkommen*. URL: https://www.umweltbundesamt.de/daten/ressourcen-abfall/abfallaufkommen#textpart-1 [Stand: 09.08.2019]

[7] eurostat. *Municipal waste landfilled, incinerated, recycled and composted, EU-28, 1995–2017*. URL: https://ec.europa.eu/eurostat/statistics-explained/index.php?title=File:Municipal_waste_landfilled,_incinerated,_recycled_and_composted,_EU-28,_1995-2017.png [Stand: 10.08.2019]

[8] Environmental Protection Authority (EPA), Australia. *Waste Guidelines*. Adelaide, Australien. 2009.

[9] Rat der Europäischen Gemeinschaft. *Abfalldeponien (Richtlinie 1999/31/EG)*. Brüssel, Belgien. 1999.

[10] European Comission. *Waste*. URL: https://ec.europa.eu/environment/waste/landfill_index.htm. [Stand: 11.08.2019]

[11] Rat der Europäischen Gemeinschaft. *Kriterien und Verfahren für die Annahme von Abfällen auf Abfalldeponien (Richtlinie 2003/33/EG)*. Brüssel, Belgien. 2003.

[12] Statista. Anzahl der Mülldeponien in Deutschland nach Anlagenart in den Jahren 2016 und 2017. URL: https://de.statista.com/statistik/daten/studie/170060/umfrage/anzahl-verschiedener-muelldeponien-in-deutschland/ [Stand: 12.08.2019]

[13] Statista. *Anzahl der Mülldeponien in Deutschland in den Jahren 2005 bis 2017*. URL: https://de.statista.com/statistik/daten/studie/263063/umfrage/anzahl-der-deponien-in-deutschland/ [Stand: 12.08.2019]

[14] Markus Gleis. *Thermische Abfallbehandlung*. In: Peter Kurth, Anno Oexle, Martin Faulstich (Hrsg.): Praxishandbuch der Kreislauf- und Rohstoffwirtschaft. Springer Vieweg, Wiesbaden. 2018.

[15] Hiebel, M., Nühlen, J., and Bertling, J. *Zur Rolle der thermischen Abfallbehandlung in der Circular Economy*. In: Fraunhofer-Institut für Umwelt-, Sicherheits-und Energietechnik UMSICHT (Hrsg.), Kurzstudie im Auftrag der AGR Abfallentsorgungs-Gesellschaft Ruhrgebiet mbH, Oberhausen. 2017.

[16] Deutscher Bundestag. *Gesetz zur Förderung der Kreislaufwirtschaft und Sicherung der umweltverträglichen Bewirtschaftung von Abfällen (Kreislaufwirtschaftsgesetz – KrWG)*. 2012

[17] Verein Deutscher Ingenieure (VDI). *UmweltMagazin*. Ausgabe März 2013.

[18] Texas Comptroller of Public Accounts. *Municipal Solid Waste Combustion*. In: The Energy Report 2008. Austin, TX. 2008. S. 257–267.

[19] Umweltbundesamt. *Liste der Müllverbrennungsanlagen in Deutschland im Jahr 2016*. 2017.

[20] Ignatyev, I. A., Thielemans, W., and Vander Beke, B. Recycling of polymers: a review. *ChemSusChem*. 7. Ausgabe, S. 1579–1593, 2014.

[21] Statista. *Recyclingquote verschiedener Haushaltsabfallarten in Deutschland im Jahr 2017*. URL: https://de.statista.com/statistik/daten/studie/194573/umfrage/recyclingquote-von-abfall-in-deutschland/ [Stand: 10.08.2019]

[22] Lakhan, C. *A comparison of single and multi-stream recycling systems in Ontario, Canada*. In: Resources. 4. Auflage 2015. S. 384–397.

[23] Bipro. *Assessment of separate collection schemes in the 28 capitals of the EU*. Final Report. Kopenhagen, 2015

2 Kunststoffe – Steigender Wert, Sinkende Lebensdauer

„In den letzten 150 Jahren waren Kunststoffe maßgeblich für Innovationen verantwortlich und haben zur Entwicklung und zum Fortschritt der Gesellschaft beigetragen." [1]

Dieses Zitat von PlasticsEurope verdeutlicht die Bedeutung von Kunststoffen in der industrialisierten Gesellschaft. Das heutige Leben ist ohne Kunststoffe kaum noch vorstellbar: Im Vergleich zu jedem anderen technischen Material der Welt haben Kunststoffe die höchste Wachstumsrate. Dies hängt mit ihren einzigartigen Eigenschaften zusammen: Kunststoffe sind leicht und können dabei in wirtschaftlichen Verfahren zu komplexen Produkten verarbeitet werden. Kunststoffe sind zum wichtigsten Rohstoff für eine Vielzahl von Produkten und Anwendungen geworden, von Automobilkomponenten, Mobiltelefonen, Rohren und Schaumstoffen bis hin zu Verpackungen. Die Vielseitigkeit, Langlebigkeit und das gute Verhältnis von Festigkeit zu Gewicht haben in der zweiten Hälfte des 20. Jahrhunderts zu einem zwanzigfachen, exponentiellen Wachstum der Kunststoffproduktion geführt. Kunststoffe machen etwa 15 % des Gewichts eines Autos und 50 % des Boeing Dreamliner aus. Bis 2030 soll sich die Kunststoffproduktion verdoppeln und bis 2050 gar vervierfachen. [2, 3, 4, 5, 6]

Der Großteil der produzierten Kunststoffe wird für Verpackungen genutzt. Im Jahr 2017 wurden 30,5 % (4,3 mt) des produzierten Kunststoffes in Deutschland für Verpackungen verwendet, in Europa gar 39,9 %. Aufgrund der niedrigen Kosten bei gleichzeitig geringem Gewicht und guten mechanischen Materialeigenschaften eignen sich Kunststoffe gut für Verpackungsmaterialien. Darüber hinaus kommt die Kunststoffverpackung der Umwelt in gewisser Weise zugute: Ihr geringes Gewicht reduziert den Kraftstoffverbrauch für den Transport und ihre Barriereeigenschaften halten z. B. verschiedene Lebensmittel länger frisch, was zu einer Reduzierung von Lebensmittelabfällen führt. Infolgedessen haben Kunststoffe zunehmend andere Verpackungsmaterialien ersetzt. [4, 6, 7, 8]

Das Wachstum der Kunststoffproduktion führt allerdings auch zu einer steigenden Menge an Kunststoffabfällen. Bild 2.1 zeigt beispielhaft die Zunahme an Kunststoffabfällen in Deutschland zwischen 1995 und 2017, in dem die Gesamtmenge der Kunststoffabfälle um den Faktor 4,4 anstieg. [7]

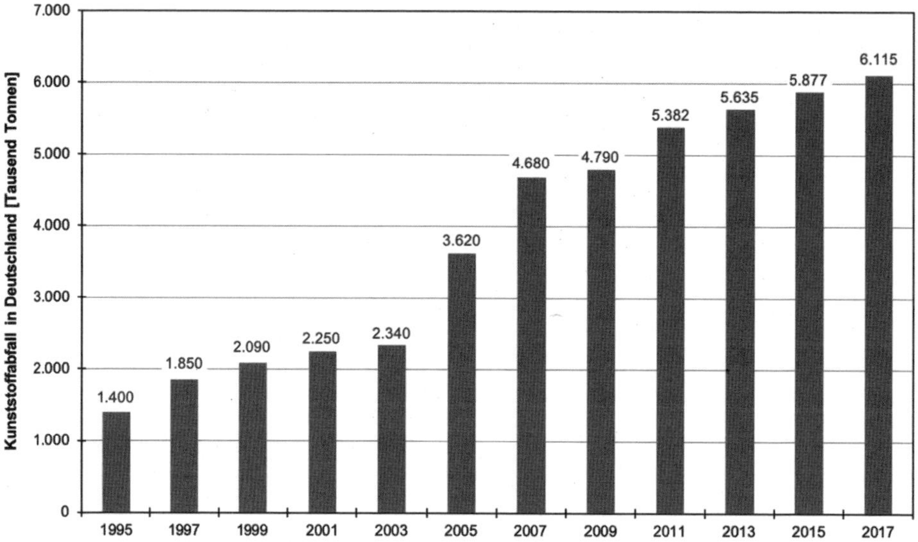

Bild 2.1 Zunahme der Kunststoffabfälle in Deutschland zwischen 1995 und 2017

Dabei zeigt der Vergleich der Menge an Kunststoffabfällen mit der Menge produzierter Kunststoffe in Deutschland zwischen 2005 und 2017, dass das Verhältnis von Abfall zu Produktion stetig steigt. Lag dieses Verhältnis im Jahr 2006 noch bei 17,9 % (3,62 mt Kunststoffabfall bei 20,20 mt Kunststoffproduktion) so stieg es auf 30,8 % im Jahr 2017 (6,12 mt Kunststoffabfall bei 19,9 mt Kunststoffproduktion). Ein Trend, der sowohl in Europa als auch weltweit zu erkennen ist. Der Grund für die Steigerung des Abfall-Produktion-Verhältnisses ist die verkürzte Lebensdauer von Kunststoffprodukten, die durch die zunehmende Verwendung von Kunststoffen für Einwegartikel wie Plastiktüten, Verpackungen und Behälter verursacht wird. Diese Einwegartikel werden unmittelbar nach dem Verbrauch des in ihnen aufbewahrten oder enthaltenen Produkts weggeworfen. [7, 8, 9, 10, 11]

Der Trend der zunehmenden Nutzung von Einwegartikel spiegelt sich auch in der Betrachtung der Produktionsmengen (Neuware) nach Kunststoffarten wider. Wie Tabelle 2.1 zeigt, machen *Polypropylen (PP)*, *Polyethylen-Low-Density (PE-LD)* und *Polyethylen-High-Density (PE-HD)* mit ca. 45 % fast die Hälfte der Gesamtproduktion an Kunststoff im Jahr 2017 in Deutschland aus. PP, PE-LD und PE-HD machen dabei ca. 65 % des für Verpackungsmaterial verwendeten Kunststoffes aus. [3, 9, 10]

Tabelle 2.1 Zusammensetzung der Kunststoffproduktion (Neuware) in Deutschland im Jahr 2017

Kunststoffart	Anteil an Kunststoffproduktionsmenge in %
PET	6,4
PE-HD	12,7
PP	17,1
PE-LD/PE-LLD	14,9
PS	5,2
PVC	12,8
Andere Harze	30,9

Unabhängig von den positiven Aspekten des zunehmenden Kunststoffeinsatzes haben die zunehmenden Kunststoffabfälle aus Einwegprodukten erhebliche negative Folgen. So lassen sich PP, PE-LD und PE-HD relativ schlecht recyceln. Insbesondere, wenn diese Materialien nicht in Reinform vorliegen (z. B. Plastikflasche mit Deckel aus einem anderen Material) ist derzeit ein Recycling mit wirtschaftlichen Verfahren nicht möglich. Zudem verbraucht die Herstellung von Kunststoffen einen großen Teil der knappen Ressource Öl: Die Verarbeitung und die Rohstoffe für die Herstellung von 1 kg Kunststoff benötigen etwa 2 kg Rohöl. Wenn sich die derzeitige Handhabung von Kunststoffabfällen nicht ändert, wird das Verhältnis von Kunststoffabfällen zu Fischen (nach Gewicht) im Meer im Jahr 2050 1:1 sein. Darüber hinaus würde der Anteil der Kunststoffe am globalen Ölverbrauch von 6 % (2012) auf 20 % (2050) und der Anteil der Kunststoffe am Kohlenstoffhaushalt von 1 % (2012) auf 15 % (2050) steigen. Daher besteht die sich abzeichnende Herausforderung dieser Entwicklungen sowohl aus wirtschaftlicher als auch aus ökologischer Sicht darin, die Handhabung von Kunststoffabfällen zu verbessern und im besten Fall diese Ressourcen zu recyceln und wiederzuverwenden. [4, 12]

Literatur zu Kapitel 2

[1] PlasticsEurope. *Plastics – the Facts 2014/2015. An analysis of European plastics production, demand and waste data.* Brüssel, Belgien. 2015.

[2] Baur, E., Osswald, T. A., Rudolph, N., Brinkmann, S., und Schmachtenberg, E. *Saechtling Kunststoff Taschenbuch.* Hanser Publishers, München. 2013.

[3] A. T. Kearney. *Plastics. The Future for Automakers and Chemical Companies.* 2012.

[4] Project MainStream. *The New Plastics Economy: Rethinking the Future of Plastics.* Ellen Mac-Arthur Foundation, The World Economic Forum, McKinsey & Company. 2016.

[5] Andrady, A. L., und Neal, M. A. Applications and societal benefits of plastics. *Philosophical Transactions of the Royal Society B: Biological Sciences.* vol. 364, S. 1977–1984, 2009.

[6] American Chemistry Council, Economics & Statistics Department. *Plastic Resins in the United States.* Washington, D. C. 2013.

[7] CONVERSIO Market und Strategy GmbH. *Stoffstrombild Kunststoffe in Deutschland 2017.* 2018.

[8] PlasticsEurope. *Plastics – the Facts 2017. An analysis of European plastics production, demand and waste data.* Brüssel, Belgien. 2018.

[9] Consultic. *Produktion, Verarbeitung und Verwertung von Kunststoffen in Deutschland 2007.* Alzenau. 2008.

[10] Deutscher Bundestag. *Fragen zu Plastikmüll.* Berlin. 2018.

[11] Statista. *Weltweite und europäische Produktionsmenge von Kunststoff in den Jahren von 1950 bis 2017 (in Millionen Tonnen).* URL: https://de.statista.com/statistik/daten/studie/167099/umfrage/weltproduktion-von-kunststoff-seit-1950/ [Stand: 07.07.2019]

[12] Hopewell, J., Dvorak, R., and Kosior, E. Plastics recycling: challenges and opportunities. *Philosophical Transactions of the Royal Society of London B: Biological Sciences.* vol. 364, S. 2115–2126, 2009.

3 Kunststoffrecycling – Schonung wertvoller Ressourcen

Der Begriff *Kunststoffrecycling* umschreibt die Wiederverarbeitung von Post-Consumer- und Pre-Consumer-Kunststoffabfällen (Produktionsausschuss) zu einsatzfähigen Produkten. Der Grundgedanke des Recyclings besteht darin, verbrauchte Produkte materialspezifisch in ihre Einzelkomponenten zu zerlegen und diese Materialien als Grundlage zur Herstellung neuer Produkte zu verwenden. Je nach Quelle des Kunststoffabfalls kann der Prozess des Recyclings und das entstandene Produkt variieren. Ganz allgemein kann ein Kunststoff nur bis zu einer bestimmten Anzahl an Wiederholungen wiederaufbereitet werden, bevor dieser für eine weitere Verwendung zu stark abgebaut ist. Mittlerweile wird der gesamte Pre-Consumer-Kunststoffabfall wieder der Kunststoffproduktionskette zugeführt. Der Post-Consumer-Kunststoffabfall wird jedoch nur zu einem geringen Anteil für seinen ursprünglichen Gebrauch zurückgewonnen. Nichtsdestotrotz verringert bereits ein geringer Anteil an wiederverwertetem Kunststoff den Bedarf an Neumaterial, wodurch die Menge an nötigen Ressourcen und die Energie zur Produktion von Kunststoffen reduziert werden kann.

Die Herstellung neuer und qualitativ hochwertiger Produkte mithilfe des Kunststoffrecyclings setzt voraus, dass die recycelten Materialien sauber und sortenrein sind. In diesem Fall kann das Rezyklat Rohmaterialien ersetzen. Die große Herausforderung beim Recycling von Post-Consumer-Kunststoffen, insbesondere aus gemischten (vermischten und/oder einzelnen) Sammlungsströmen, liegt in deren Verunreinigung. Das Recycling gemischter und verunreinigter Kunststoffe ist wesentlich komplexer. Im Fall verschmutzter Kunststoffe und/oder einer Mischung verschiedener Kunststoffarten, ist die Qualität des Rezyklats geringer, beispielsweise bezüglich ihrer mechanischen Festigkeit. Die Herausforderung der Wiederverwertung von großen Mengen an verschmutzten Kunststoffmischungen muss die Zurückführung, Wiederverwendung und das Recycling berücksichtigen, um bei einer ganzheitlichen Betrachtung zu bleiben. [1]

Die Wiederverwertung von Kunststoffen ist komplexer als das Recycling von Metall oder Glas, da die Vielfalt an Kunststoffarten deutlich größer ist. Aus diesem Grund müssen Rezyklier- und Umweltverträglichkeit als Kriterien zu Beginn des Entwicklungsprozesses von Kunststoffprodukten betrachtet werden und nicht als Nebengedanke, insbesondere bei Produkten bei denen diverse Kunststoffarten und teilweise auch Nicht-Kunststoffe integriert werden. Die Trennung, Reinigung und Rückgewinnung der Kunststoffkomponenten solcher Produkte erfordert eine Vielzahl an Schritten, wodurch der Energieverbrauch des Recyclingprozesses steigt.

Neben der Komplexität des Recyclingprozesses hat der Preis des Rohmaterials einen hohen Einfluss auf die Recyclingquote, also die Menge einer Kunststoffart, die in einer bestimmten Zeit recycelt wird. Der Rohmaterialpreis hängt wiederum stark mit dem Ölpreis zusammen (siehe Abschnitt 4.4.5). Ein niedriger Ölpreis resultiert folglich in einem geringen Preis für Rohmaterialien. Entsprechend kann bei einem niedrigen Ölpreis das Szenario eintreten, dass der Preis für Rezyklate höher ist als jener für Rohmaterial, was negative Auswirkungen auf die Recyclingquote zur Folge hat.

Um die Recyclingquote stetig zu steigern sollte der Fokus entsprechend auf einer Optimierung der Recyclingprozesse liegen, indem die Effizienz in allen Teilen des Prozesses maximiert und das Recycling somit aus ökologischer als auch ökonomischer Sicht verbessert wird. [2]

■ 3.1 Methoden des Kunststoffrecycling

Allgemein existieren zwei Methoden des Kunststoffrecycling:

- die *Werkstoffliche Verwertung* (Primäre und Sekundäre Verwertung) und
- die *Rohstoffliche Verwertung* (Tertiäre Verwertung).

Basierend auf der Verunreinigung der Kunststoffe (Abschnitt 3.5) mit organischen oder anorganischen Substanzen (andere Polymere oder Unreinheiten) wird eine der drei Methoden ausgewählt. Die Molekularstruktur der Kunststoffe sowie vorhandene Vernetzungen wie bei Kautschuken oder Duroplasten beeinflussen zusätzlich den Entscheidungsprozess. [3, 4]

3.1.1 Werkstoffliche Verwertung

Unter den möglichen Verwertungsmethoden ist die werkstoffliche Verwertung der erstrebenswerteste Ansatz, da dieser sowohl einen geringen Kostenaufwand als auch eine hohe Zuverlässigkeit aufweist. Im Allgemeinen wird bei der werkstofflichen Verwertung die Molekularstruktur des Polymermoleküls grundsätzlich beibehalten. Nach dem Mahlen des Kunststoffabfalls ist der Hauptprozessschritt das Wiederaufschmelzen des zerkleinerten Materials wodurch die werkstoffliche Verwertung auf thermoplastische Polymere begrenzt ist. Da das Wiederaufschmelzen eine Degradation, d.h. einen Abbau der Polymerketten verursacht, wird Rohmaterial häufig mit Rezyklat gemischt, um mögliche Degradationseffekte in den Produkteigenschaften zu minimieren. Diese Mischung führt zu einer Verdünnung des Rohmaterials und wird in Abschnitt 3.2.1.2 beschrieben. [5]

Bei der werkstofflichen Verwertung wird zwischen *primärer Verwertung* und *sekundärer Verwertung* unterschieden, je nachdem ob die Quelle von Pre-Consumer- oder Post-Consumer-Abfall abstammt. Pre-Consumer Produktionsausschuss ist normalerweise sauber und sortenrein oder besteht zumindest aus einer bekannten Zusammensetzung und bedarf keiner weiteren Bearbeitung, während Post-Consumer-Abfälle hoch verunreinigt sind und weitere Schritte wie das Sammeln, Sortieren und Reinigen nötig machen.

3.1.2 Rohstoffliche Verwertung

Die *Rohstoffliche Verwertung* wird für *vernetze Polymere* oder für Thermoplaste, welche keine hinreichende Qualität durch werkstoffliche Verwertung erreichen können, eingesetzt. Es werden chemische Prozesse angewendet um die Polymerketten zu Verbindungen mit niedrigem *Molekulargewicht* umzuwandeln oder in manchen Fällen zu ihren ursprünglichen Monomeren (Rohstoff) umzusetzen. Die Monomere können genutzt werden, um durch Polymerisation wieder die Ursprungspolymere zu erzeugen, während die niedermolekularen Verbindungen als Rohstoff für die Petrochemie genutzt werden können. Herkömmliche Prozesse für diese Verwertungsmethode sind die Hydrolyse, das Hydrocracking und die Depolymerisation. Aufgrund des hohen Energie- und Chemikalienverbrauchs dieser Prozesse ist die rohstoffliche Verwertung ökonomisch und ökologisch betrachtet nur für eine geringe Anzahl an Polymeren wie Polymethylmethacrylat (PMMA) und Polyetheretherketon (PEEK) sinnvoll. Eine rohstoffliche Verwertung von Polyethylenterephthalat (PET) wurde erfolgreich entwickelt, ist jedoch durch die Prozesskosten nur selten einsatzfähig. Darüber hinaus konnte gezeigt werden, dass eine rohstoffliche Verwertung für Polyolefinen technisch möglich ist. Diese Entwicklung befindet sich jedoch noch in der Laborphase. [3, 4, 6, 7, 8]

3.2 Recycling verschiedener Arten von Kunststoffabfällen

Wie bereits erwähnt können Kunststoffabfälle grundsätzlich in *Pre-Consumer-Abfälle* (Produktionsausschuss) und *Post-Consumer-Abfälle* (rückgewonnener Abfall) unterschieden werden. Je nach Art des Kunststoffabfalls werden diese auf unterschiedliche Art und Weise verarbeitet.

3.2.1 Pre-Consumer-Abfälle

3.2.1.1 Produktionsausschuss

Pre-Consumer-Abfälle, wie Verteiler, Anschnitt, Anguss und Grate werden normalerweise durch die primäre Verwertung der werkstofflichen Verwertung recycelt. Das Material wird innerbetrieblich zerkleinert und erneut aufgeschmolzen.

3.2.1.2 Verdünnungseffekt

Produktionsausschuss wird häufig zum Rohmaterial gemischt, um Materialkosten zu reduzieren; während gleichzeitig die Einflüsse des Materialabbaus auf die Materialeigenschaften minimiert werden. Abhängig vom Mischungsverhältnis wird entweder das Rohmaterial mit zerkleinertem Material verdünnt oder das zerkleinerte Material mit Rohmaterial aufgefrischt. Durch die Verwendung eines konstanten Mischungsverhältnisses während der kontinuierlichen Verarbeitung wird das zerkleinerte Material selbst verdünnt, was zu einer Verringerung der Viskosität führt. Die Materialzusammensetzung mit einem Anteil an Rezyklat q nach n Verarbeitungszyklen kann nach der Formel 3.1 berechnet werden.

$$\sum_{i=1}^{n} q^{n-1}\,(1-q) = 1 \tag{3.1}$$

Für kleine Rezyklatanteile enthält das zerkleinerte Material nur geringe Anteile von Stoffen, welche eine große Anzahl von Verarbeitungszyklen durchlaufen haben und somit stark zersetzt sind.

Bild 3.1 zeigt die Materialzusammensetzung mit verschiedenen Mischungsverhältnissen von Rezyklat und Rohmaterial. Die erste Säule enthält 30 % Rezyklat und 70 % Rohmaterial. Unter diesen Umständen enthält das zerkleinerte Material weniger als 0,8 % von Stoffen, welche bereits mehr als fünf Mal wiederverarbeitet wurden. Siebzig Prozent des Materials ist Rohmaterial, 21 % wurden einmal verarbeitet, 6,3 % zweimal und 1,9 % dreimal. Da Materialanteile von weniger als 1 %

keinen nennenswerten Einfluss auf die Materialeigenschaften haben, sind diese vernachlässigbar [9]; die Materialeigenschaften werden von Anteilen welche weniger als vier Mal verarbeitet werden dominiert. Dementsprechend kann davon ausgegangen werden, dass die Materialeigenschaften mit einem geringen Anteil an Rezyklat eine bestimmte Grenze nicht unterschreiten. [10]

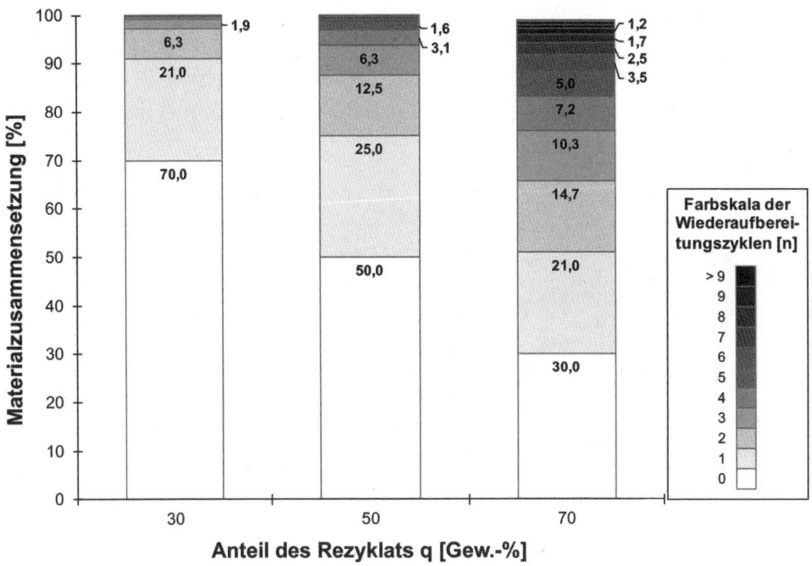

Bild 3.1 Zusammensetzung von recyceltem Kunststoff nach n Wiederverarbeitungsschritten mit einem Anteil von 30 %, 50 % und 70 % Rezyklat

Allerdings enthält zerkleinertes Material mit einem hohen Anteil von Rezyklat signifikante Anteile von stark zersetztem Material. Dies ist in der rechten Säule von Bild 3.1 zu sehen, in welcher 70 % des zerkleinerten Materials aus Rezyklat und 30 % aus Rohmaterial bestehen. Dieses zerkleinerte Material enthält 5 % an Stoffen, welche fünf Mal wiederverarbeitet wurden sowie 30 % an Rohmaterial, 21 % welches einmal verarbeitet wurde, 14,7 % zwei Mal, 10,3 % drei Mal und 7,2 % vier Mal. Nach neun Verarbeitungszyklen enthält das Material immer noch 1,2 % des ursprünglichen Materials. Obwohl diese Mischung einen hohen Anteil an stark zersetztem Material enthält, erreicht das Material nach 10 Verarbeitungszyklen einen Gleichgewichtszustand in welchem die Materialeigenschaften durch weitere Verarbeitung nicht mehr beeinflusst werden. Aus diesem Grund wird dieses Mischungsverhältnis recht häufig für Verpackungsmaterialien verwendet.

3.2.2 Post-Consumer-Abfälle

Kunststoffprodukte für Verbraucher werden hauptsächlich aus sechs verschiedenen Polymeren hergestellt. Polymere werden durch eine Nummer oder einen *Recycling-Code* von 1 bis 7 durch Formgebung oder Prägung auf der Produktoberfläche gekennzeichnet. Die Nummer 7 steht hierbei häufig für Polymergemische aus den Kategorien 1 bis 6 oder auch für Polymere, welche nicht in die Kategorie 1 bis 6 eingeordnet werden können. Die Polymertypen, ihre Recycling-Codes und Anwendungsbeispiele von Rohmaterial und Rezyklat sind in Tabelle 3.1 aufgelistet. Die prozentualen Anteile der Kunststoffproduktion in Deutschland im Jahr 2017 ist in Tabelle 2.1 dargestellt.

Tabelle 3.1 Kunststoffarten und -produkte aus Rohmaterial und Rezyklat

Recycling-Code und Kunststoffart	Hergestellte Produkte aus Rohmaterial	Hergestellte Produkte aus Rezyklat
01 PET Polyethylenterephthalat	Wasserflaschen, Softdrinkflaschen, Salatdressing, Erdnussbutter und Pflanzenöl	Eierkartons, Teppiche, Fasern für T-Shirts, Einkaufstaschen, Schuhe usw.
02 HDPE High-Density-Polyethylen	Milch- und Saftkartons, Waschmittelbehälter, Duschgelflaschen, Container	Spielzeuge, Eimer, Schlagzeuge, Sicherheitskegel, Zäune und Mülltonnen
03 PVC Polyvinylchlorid	Verpackungsmaterialien, Kunststoffrohre, Dielenboden, Draht- und Kabelprodukte, Blutbeutel und medizinische Schläuche	Schuhsohlen, Baumaterialien, Boots- oder Kaimauernfender
04 LDPE Low-Density-Polyethylen	Einwegwindeln, Kabelmantel, Schrumpffolie und Folie	Müllsäcke, Bauholz und Bodenfliesen
05 PP Polypropylen	Medizinische Flaschen, Strohhalme, Joghurtbecher, Butter- und Margarinebecher, Automobilteile und Teppiche	Signalleuchten, Fahrradständer, Tabletts, Akkukabel und Eiskratzer
06 PS Polystyrol	Eierkartons, Becher, Lebensmittelbehälter, Kunststoffgabeln und Schaumstoffverpackung	Eierkartons, Schaumstoffverpackung und Lichtschalter
07 O Alle anderen Kunststoffarten oder deren Mischung	Kunststoffmischungen oder Mehrschichtverpackungen	–

Die chemische Zusammensetzung und der Einsatz des jeweiligen Kunststoffs bestimmt, ob der Kunststoff noch einmal wiederverwertet werden kann und ist somit entscheidend für seine Recyclingquote. Dabei ist es für das Recycling häufig entscheidend, dass die Kunststoffe gut voneinander trennbar sind. Einige Kunststoffarten sind nämlich nicht miteinander kompatibel, da sich ihre molekularen Strukturen bei Vermischung abstoßen. Dies führt zu einer Verschlechterung der mechanischen Leistung von Kunststoffprodukten falls diese während der Wiederverarbeitung nicht adäquat behandelt werden. Als Materialbeispiel kann Polyvinylchlorid (PVC) herangezogen werden: In die meisten Kunststoffe werden Additive eingearbeitet um bestimmte Zusatzeigenschaften, wie beispielsweise Flammschutz, Biegungsfähigkeit oder UV-Beständigkeit zu erzielen. Dies macht es beinahe unmöglich eine homogene Kunststoffmischung mit einheitlichem Verhalten zu erreichen. Aus diesem Grund ist es wichtig, dass der Sortiervorgang gut geregelt ist und die beschriebenen PVC-Gemische aussortiert werden, um die Reinheit und die Materialeigenschaften von wiederverwerteten Kunststoffprodukten sicherzustellen.

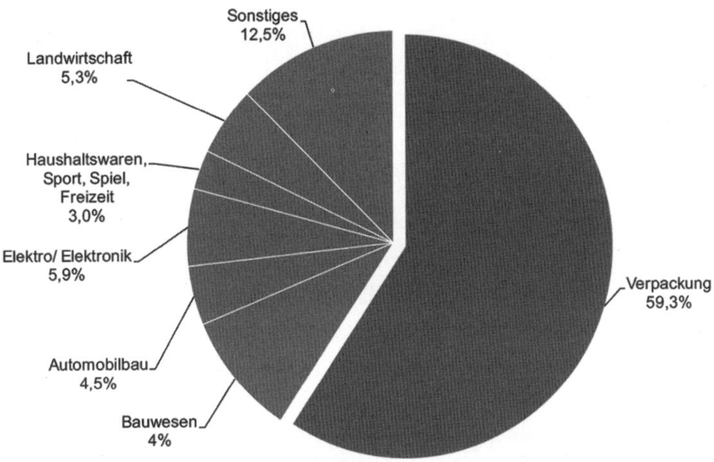

Bild 3.2 Post-Consumer-Abfälle in Deutschland nach Einsatzfeld [11]

Je nach Eigenschaft werden verschiedene Kunststoffe für unterschiedliche Anwendungen genutzt. Derzeit sind die Anwendungen Verpackung, Verbrauchsmaterial sowie Bau- und Konstruktionsmaterial die drei am meisten genutzten Bereiche für Kunststoffe, was sich auch im Abfallstrom wiederspiegelt. Bild 3.2 zeigt die Verteilung von Post-Consumer-Kunststoffabfällen des Jahres 2017 in Deutschland nach Einsatzfeld. Dieses Einsatzfeld und damit mögliche einhergehende Verschmutzungen der Kunststoffe, z. B. durch Schadstoffe, sind ein weiterer Entscheidender Faktor beim Recycling. Daher werden in den Folgekapiteln die Kunststoffabfälle aus den Bereichen Verpackung, Bauwesen, Automobilbau, Landwirtschaft und Elektro/Elektronik genauer betrachtet. [11]

3.2.2.1 Kunststoffverpackungsabfälle

Der ansteigende Verbrauch von Einwegverpackungen führt zu einer wachsenden Menge an Kunststoffen, die dem städtischen Abfallstrom zugeführt werden, wie Bild 2.1 zeigt.

Wie in Bild 3.2 dargestellt, machen Verpackungsabfälle in Deutschland ca. 60 % des gesamten Kunststoffabfalles aus, in Europa gar zwei Drittel. Im Gegensatz dazu wurden in 2017 allerdings nur 30,5 % der verarbeiteten Kunststoffe für Verpackungen verwendet. Die Differenz zwischen dem prozentualen Anteil von Verpackungen am verarbeiteten Kunststoff (30,5 %) und am entsorgten Kunststoff (60 %) basiert auf den verschiedenen Lebenszyklen der Produkte. Etwa 60 % aller Kunststoffprodukte werden für eine längere Lebensdauer (mindestens 2 Jahre) entwickelt, während etwa 40 % für eine kurze Lebensdauer oder sogar für den Einwegeinsatz entwickelt wurden.

Allerdings entwickeln sich die Abfallentsorgungsstrategien nicht mit derselben Geschwindigkeit wie die steigenden Raten von Kunststoffabfällen. Aufgrund der vergleichbaren Dichte von Verpackungsabfällen, insbesondere PE-LD, PE-HD und PP, sind diese nämlich mit herkömmlichen Verfahren schwierig voneinander zu trennen (Abschnitt 3.3.2). Die am häufigsten recyclierten Kunststoffarten sind PET und PE-HD Flaschen. PE-LD wird derzeit fast gar nicht recycelt, gleiches gilt für PP. Letztere sind jedoch die meist produziertesten Kunststoffe, insbesondere für Verpackungen. Die gebräuchlichsten Polymere für Verpackungsanwendungen sind in Tabelle 3.2 zusammengefasst. [12, 13]

Tabelle 3.2 Gebräuchliche Polymere für Verpackungsanwendungen

Anwendung	Gängigstes Polymer
Flaschen	PET (66 %), PE-HD (28 %), PP (3 %), PE-LD (0.4 %), PVC (3 %)
Verschlüsse	PP (73 %), PE-HD (20 %), PE-LD (5 %), PVC (2 %)
Folie	PE-LD (76 %), PP (20 %), PVC (3 %), PET (1 %)
Taschen, Säcke	PE-LD (61 %), PE-HD (31 %), PP (8 %)
Becher, Boxen	PP (73 %), PE-HD (20 %), PE-LD (5 %), PVC (2 %)

Abkürzungen: PE-HD: High-Density Polyethylen, PE-LD: Low-Density Polyethylen, PET: Polyethylenterephthalat, PP: Polypropylen, PVC: Polyvinylchlorid

3.2.2.2 Kunststoffabfälle des Bauwesens

Im Bereich des *Bauwesens* nehmen Kunststoffe aufgrund ihrer Beständigkeit, Ästhetik, leichten Handhabung und hohen Leistung eine wichtige Rolle ein. Üblicherweise werden Kunststoffe für eine Haltbarkeit von 30 bis 40 Jahren bis zu ihrer Entsorgung entwickelt Sie werden beispielweise für Rohre, Isolation, Wandabdeckungen und Böden, Innenausbau und Fensterrahmen verwendet. Gebräuchliche Kunststoffe für das Bauwesen sind High-Density-Polyethylen (PE-HD), Polyvinylchlorid (PVC) und Polyurethan (PU) (siehe Tabelle 3.3). [13]

Tabelle 3.3 Gebräuchliche Polymere im Bauwesen

Anwendung	Gängigstes Polymer
Rohre und Leitungen	PVC, PP, PE-HD, PE-LD, ABS
Isolation	PU, EPS, XPS
Fenster und andere Rahmen, Boden- und Wandbekleidung	PVC
Verkleidungen	PE, PVC
Innenausbau	PS, PMMA, PC, POM, PA

Abkürzungen: ABS, Acrylnitril-Butadien-Styrol; EPS, Expandiertes Polystyrol; PE-HD, High-Density-Polyethylen; PE-LD, Low-Density-Polyethylen; PA, Polyamid; PC, Polycarbonat; PE, Polyethylen; PMMA, Polymethylmethacrylat; POM, Polyoxymethylen; PP, Polypropylen; PS, Polystyrol; PU, Polyurethan; PVC, Polyvinylchlorid; XPS, Extrudiertes Polystyrol

PU-Hartschaum ist für seine hohe thermische Beständigkeit bekannt und wird aus diesem Grund häufig als Isolationsmaterial eingesetzt. Er ist zusätzlich aufgrund seines leichten Gewichts, seiner chemischen Beständigkeit und seiner Flammhemmung weit verbreitet. Des Weiteren werden Acrylnitril-Butadien-Styrol (ABS) und Polycarbonat (PC) im Bauwesen verwendet.

Die Vielzahl an Materialklassen und Eigenschaften, die im Bauwesen verwendet werden, führen zu einer geringen Recyclingquote dieser Kunststoffarten. [15] Allerdings kann das Bauwesen als zweiter Markt für wiederverwertete Kunststoffe gezählt werden. Diese können in einer Vielzahl an Anwendungen genutzt werden, wie beispielsweise als Füllstoffe, Verpackungen, für Fußwege in der Landschaftsgestaltung, für den Brückenbau, Zäune und Schilder, in der Verkehrssteuerung und für gewerbliche Verschnürungen. [16]

3.2.2.3 Kunststoffabfälle des Automobilbaus

Im *Automobilbau* werden Kunststoffe für eine Vielzahl an Bauteilen und Funktion verwendet, hauptsächlich wegen ihres niedrigen Gewichts und geringer Kosten. Zusätzlich weisen Kunststoffe Vorteile bezüglich ihrer Stoßfestigkeit und Korrosionsbeständigkeit auf. Der größte Anteil an Kunststoffen für Fahrzeuge werden in der Fahrgastzelle, gefolgt von der Karosserie verbaut. PP, PE, PU und PVC sind hierbei nach Volumen betrachtet die gebräuchlichsten Kunststoffsorten, die in einem Auto verarbeitet werden. Tabelle 3.4 listet die gebräuchlichsten Polymere auf, welche in den unterschiedlichsten Automobilteilen verwendet werden.

Tabelle 3.4 Gebräuchliche Polymere im Automobilbau

Anwendung	Gängigstes Polymer
Stoßstangen	PP, ABS, PC/PBT
Sitze	PU, PP, PVC, ABS, PA
Anschnallgurte	PA, PET
Armaturenbrett	PP, ABS, PPE, PC
Airbag	PA
Kraftstoffsystem	PE-HD, POM, PA, PP, PBT
Karosserie	PP, PPE
Innenverkleidung	ABS, PP, PBT, POM, PP
Beleuchtung	PC, PBT, ABS, PMMA

Abkürzung: ABS, Acrylnitril-Butadien-Styrol; PE-HD, High-Density-Polyethylen; PA, Polyamid; PBT, Polybutylenterephthalat; PC, Polycarbonat; PMMA, Polymethylmethacrylat; POM, Polyoxymethylen; PP, Polypropylen; PPE, Polyphenylenether; PU, Polyurethan; PVC, Polyvinylchlorid

Durch die europäische End-of-Life Vehicles-Directive 2000/53/EC ist der Automobilsektor einer der fortschrittlichsten, wenn es um Recycling geht. Danach müssen seit 2015 95 % eines Fahrzeugs wiederverwendet oder rezykliert werden und 5 % des Energieverbrauchs bei der Herstellung zurückgewonnen werden. Dies wird durch mechanisches Recycling, chemisches Recycling und energetische Rückgewinnung mittels Müllverbrennung realisiert. Eine Besonderheit beim Automobilrecycling stellen die RESH [RE für Reststoffe und SH für shredder (engl.)] dar. Sie bezeichnen die bei der Autoverwertung in Schredderanlagen anfallenden brennbaren Abfälle und bestehen zu 60 % aus Kunststoffen. Zwar sind diese für die Energieerzeugung nützlich, dürfen aber nur in Maßen genutzt werden und sind daher vorher mechanisch zu recyceln. [41]

3.2.2.4 Kunststoffabfälle der Landwirtschaft

Kunststoffe sind auf einem typischen Bauernhof überall zu finden und ersetzen traditionelle Materialen aufgrund ihrer geringen Kosten und ihres leichten Gewichts. Heuballen werden heutzutage oft in Kunststofffolien eingepackt oder Getreide wird anstatt von Silos in Kunststoffbeuteln aufbewahrt. Zusätzlich ist Kunststoff für eine Vielzahl an Anwendungen auf modernen Bauernhöfen unerlässlich geworden. Zum Beispiel werden große Kunststoffplatten für fast alles von Bodenheizungen und Unkrautvernichtung bis zur Bedachung von Gewächshäusern verwendet. Viele landwirtschaftliche Anwendungen bestehen aus Kunststofffolien, was sich in der Art von Kunstoffen welche verwendet werden widerspiegelt (siehe Tabelle 3.5). Derzeit werden nur 10 % des Kunststoffabfalls der Landwirtschaft recycelt. [13, 17, 18, 19]

Tabelle 3.5 Gebräuchliche Polymere in der Landwirtschaft

Anwendung	Gängigstes Polymer
Ballenverpackung, Saatguttaschen	PE-LD, PE-LLD, PP
Gewächshausabdeckung, Siloabdeckung, Mulchfolien	PE-LD, PE-LLD
Netze und Gitter	PE-LD, PE-HD
Seile, Stricke	PP
Rohre und Armaturen	PVC, PE-LD
Pestizidbehälter, Gartentöpfe	PE-HD, PS, PP

Abkürzungen: PE-HD, High-Density-Polyethylen; PE-LD, Low-Density-Polyethylen; PE-LLD, Lineares-Low-Density-Polyethylen; PP, Polypropylen; PS, Polystyrol; PVC, Polyvinylchlorid

3.2.2.5 Abfall von Elektro- und Elektronik-Altgeräten

Im Allgemeinen wird Abfall von Elektro- und Elektronik-Altgeräten (WEEE: aus dem engl. **w**aste from **e**lectrical and **e**lectronic **e**quipment) aufgrund des hohen und wertvollen Metallanteils von Metall-Recycling-Betrieben verwertet. Die zurückbleibenden Kunststoffe und Nicht-Metalle werden als Elektronischer-Schredder-Rückstand (ESR) bezeichnet. Die hauptsächlich in WEEE vorkommenden Polymere sind ABS, High-Impact-Polystyrol (HIPS), PP, Polyamid (PA), Polycarbonat (PC), Mischungen von PC mit ABS (PC/ABS) und viele andere wie in Tabelle 3.6 aufgelistet. Derzeit wird in Deutschland nur circa die Hälfte der typischen ESR-Mischungen wiederverwertet, der Rest wird energetisch zurückgeführt. [13, 20]

Tabelle 3.6 Gebräuchliche Polymere in Elektro- und Elektronik-Geräten

Anwendung	Gängigstes Polymer
Drucker/Faxgeräte	PS, HI-PS, SAN, ABS, PP
Telekommunikationsausrüstung	ABS, PC/ABS, HI-PS, POM
Fernseher	PPE/PS, PC/ABS, PET
Bildschirme	PC/ABS, ABS, HI-PS
Computer	ABS, PC/ABS, HI-PS
Klimaanlagen	PS, ABS, PU, PVC
Waschmaschinen	PP, PS, ABS, PVC

Abkürzungen: ABS, Acrylnitril-Butadien-Styrol; HI-PS, High-Impact-Polystyrol; PC, Polycarbonat; PET, Polyethylenterephthalat; POM, Polyoxymethylen; PP, Polypropylen; PPE, Polyphenylenether; PS, Polystyrol; PU, Polyurethan; PVC, Polyvinylchlorid

3.3 Trennung von Kunststoffabfällen

Sobald der Post-Consumer-Abfall eingesammelt wurde, wird dieser zu Müllsortieranlagen transportiert und wird im ersten Schritt nach Kunststoffart sortiert. Je nach Kunststoffart unterscheiden sich die Sortierungsmethoden. Obwohl das Sortieren derzeit den größten Einfluss auf die Reinheit im Wiederverwertungsprozess hat, ist es immer noch schwierig diesen Schritt einwandfrei durchzuführen. Das Sortieren kann manuell oder automatisch durchgeführt werden. In der Folge werden die für Müllsortieranlagen üblichsten Methoden detaillierter behandelt.

3.3.1 Manuelle Sortierung

Eine einfache Trennungsmethode ist das *manuelle Sortieren*. Dieses wird anhand der visuellen Identifizierung der Kunststoffarten durch geschulte Mitarbeiter mithilfe der Recycling-Codes, der Form, Farbe und der Kunststoffmarke vorgenommen. Diese Methode ist für eine erste grobe Sortierung und insbesondere das Aussortieren von Sondermüll geeignet. Allerdings ist sie sehr arbeitsintensiv und hat eine hohe Wahrscheinlichkeit menschlichen Versagens. Zusätzlich ist es immer noch sehr schwer Kunststoffsorten nur nach der visuellen Erscheinung zu unterscheiden.

3.3.2 Automatische Sortierung

3.3.2.1 Schwimm- und Sinktrennung

Beim *Schwimm- und Sink-Verfahren* werden die Kunststoffe nach ihrer Dichte sortiert. Das Verfahren ist eines der gebräuchlichsten *automatischen Trennungsverfahren*. Die in Späne zerkleinerten und gewaschenen Kunststoffe werden in Wasserwannen gegeben und die schwimmenden und absinkenden Anteile werden voneinander getrennt. Dieses Verfahren ist schnell, kostengünstig und kann zudem als erste Stufe des Waschprozesses von Kunststoffabfällen angesehen werden. Trotzdem weisen Kunststoffe, wie bereits erwähnt, sehr ähnliche Dichtewerte auf und können aus diesem Grund nicht vollständig durch diesen Verfahrensschritt voneinander getrennt werden. Eine Übersicht über die Dichtebereiche verschiedener Kunststoffarten sind in Tabelle 3.7 gelistet. [9, 21, 22]

Tabelle 3.7 Dichtebereiche verschiedener Polymere (Schwimmen bei einer Dichte von < 1 g/cm³)

Polymer	Dichtebereich in g/cm³
Polyethylenterephthalat (PET)	1,330–1,400
High-Density Polyethylen (PE-HD)	0,956–0,980
Polyvinylchlorid (PVC)	1,301–1,388
Low-Density Polyethylen (PE-LD)	0,910–0,955
Polypropylen (PP)	0,861–0,925
Polystyrol (PS)	1,050–1,220

3.3.2.2 Schaumflotation

Die *Schaumflotation* läuft ähnlich wie die Schwimm- und Sinktrennung ab. Bei der Schaumflotation werden die zu trennenden Stoffe zunächst mit einem Tensid behandelt und dann zum Wasser gegeben. Somit schwimmen die Kunststoffe, die normalerweise absinken würden, in dem Wasser-Tensid-Gemisch auf. Es wird anschließend Luft in das Gemisch gepumpt. Manche Kunststoffarten haften aufgrund ihrer Zusammensetzung an den entstehenden Luftblasen während andere davon nicht betroffen sind und auf den Grund absinken. Diese Methode hat den entscheidenden Vorteil PET und PVC voneinander trennen zu können.

3.3.2.3 Nahinfrarotspektroskopie

Eine weitere vielversprechende Methode, welche für Hochgeschwindigkeitstrennungsanlagen entwickelt wurde, ist die *Nahinfrarotspektroskopie (NIR)*. Diese nutzt eine bereits fest etablierte Technik zur Sortencharakterisierung von Kunststoffen: die Infrarotlichttransmission. Kunststoffe absorbieren bestimmte Wellenlängen je nach ihrer spezifischen chemischen Zusammensetzung, wodurch eine Identifikation und Trennung der verschiedenen Arten möglich ist.

Diese Technologie wird für die automatische Identifizierung von PET-Flaschen verwendet. Allerdings ist diese Art der Trennung nicht für dunkel eingefärbte Kunststoffe, Klebstoffe, Rückstände und Kunststoffe mit Additiven anwendbar. [23, 24]

3.3.2.4 Röntgenfluoreszenz

Einige Kunststoffe wie PET und PVC, weisen ähnliche Dichtebereich auf und müssen aus diesem Grund anhand anderer Eigenschaften, welche sich stärker unterscheiden, getrennt werden. Die Molekularstruktur von PVC enthält im Gegensatz zu PET Chloratome. Die *Röntgenfluoreszenz* erzeugt einen spektralen Fingerabdruck basierend auf der chemischen Zusammensetzung des Kunststoffes anhand dessen dieser einsortiert werden kann. Beispielsweise kann diese Technologie zur Trennung von PVC verwendet werden, da anhand der Röntgenfluoreszenz die Chloratome detektiert werden können und somit die Grundlage zur Trennung von PVC zu anderen Kunststoffsorten darstellt. [25]

3.3.2.5 Lasergestützte Identifizierung

Lasergestützte Systeme erkennen Kunststoffe indem ein Laserstrahl auf die Materialoberfläche gerichtet wird um verschiedene Materialkennwerte wie den Absorptionskoeffizienten, Wärmeleitung und die Verteilung der Oberflächentemperatur zu ermitteln. Diese Kennwerte können zur Kunststoffidentifizierung verwendet werden. Diese Technik wird derzeit sehr selten in Recyclinganlagen verwendet.

3.3.2.6 Kennzeichnungssysteme

Kennzeichnungssysteme umfassen entweder die Kennzeichnung der Kunststoffbehälter oder des eigentlichen Kunststoffs mit einer leicht detektierbaren Markierung. Ein Kennzeichnungssystem von Continental-Container-Corporation erlaubt eine Trennung nach Kunststoffart, Farbe, Zusatzstoffen und Packungsinhalten. Diese Methode ist aufwendig, da jede Verpackungsproduktionslinie ein Kennzeichnungssystem und jede Recyclinganlage ein Erkennungssystem aufweisen muss. Eine alternative Methode wurde von der Eastman-Chemical-Company entwickelt, welche Molekularmarker zur Identifizierung der Kunststoffarten verwendet. Der Kostenaufwand für dieses zusätzliche Kennzeichnungssystem ist in der Theorie vergleichsweise niedrig, da lediglich die Aufbereiter und Polymerhersteller die Kosten tragen müssen. Zudem erleichtert die zunehmende Digitalisierung und Datenverfügbarkeit von Produktionsprozessen die Einführung eines solchen Kennzeichnungssystems. Allerdings sind alle aufgeführten Methoden höchstens in der Proof-of-Concept-Phase der Entwicklung, da alle Aufbereiter und Polymerhersteller weltweit das gleiche System nutzen müssten. [42]

■ 3.4 Degradation von Kunststoffen

Im Allgemeinen werden Kunststoffe nur zur Verarbeitung und einen ersten Lebenszyklus und nicht für weitere Verarbeitung oder weitere Anwendungszeiten stabilisiert. Dies ist vor allem für Kunststofffolien zu Verpackungszwecken bestehend aus Polyolefinen, wie PP und PE, welche normalerweise eine kurze Lebensdauer aufweisen, zutreffend.

Die Degradations- bzw. Abbaumechanismen von Kunststoffen resultieren aus der Einwirkung von Hitze, mechanischer Belastung, Sauerstoff und UV-Licht. Beispielweise wird Polyethylenfolie, welche für kommerzielle Verpackungen verwendet wird, durch oxidative und photooxidative Degradationsmechanismen aufgrund der Verarbeitung und Nutzung abgebaut. Eine Wiederaufbereitung kann mechanische, thermische und thermisch-oxidative Degradationsmechanismen hervorrufen.

Die Degradation verursacht Änderungen der Polymerstruktur, typischerweise gekennzeichnet durch eine Zerteilung oder Spaltung der makromolekularen Ketten, welche eine Änderung der Kunststoffeigenschaften hervorruft. Radikalische Kettenreaktionen wie die Bildung von Hydroperoxid und Quervernetzungen können während der Degradation auftreten und somit auch Änderungen der Polymerstruktur hervorrufen. Während der Verarbeitung können Kettenspaltungen sowie Quervernetzungen auftreten, welche zu einem erhöhten Anteil an Polymerketten mit geringem Molekulargewicht und jeweils vermehrten Kettenverzweigungen führen. Folglich treten Zerstückelungen, Rekombinationen und Kettentransferreaktionen der Polymerradikale während der Degradation auf. [26] Polyolefine werden häufig oxidativ abgebaut.

Während der Verarbeitung und der planmäßigen Nutzung wird das Material Hitze, mechanischer Belastung, Sauerstoff und UV-Strahlung ausgesetzt. Abhängig vom Aufbau des Polymers und den Verarbeitungsbedingungen können die Belastungen mehr oder weniger Degradation hervorrufen. Im Allgemeinen können die Degradationseffekte wie folgt eingeteilt werden:

- Änderung des Molekulargewichts und der Molekulargewichtverteilung welche zu einer Änderung der Viskosität führen
- Bildung von Quervernetzungen und Kettenverzweigungen
- Entstehung von sauerstoffgesättigten Verbindungen und ungesättigten Verbindungen

Ein Verständnis für die Abbaukinetik von Polymeren ist wichtig, um den Wiederverwertungsprozess und die Prozesse zur Herstellung neuer Produkte aus Rezyklat zu gestalten. Während des Wiederverwertungsprozesses verändern sich die *Schmelzviskosität* und das *Fließverhalten* von Polymeren, was zu einer Änderung der Prozessparameter und somit unter Umständen zu Schwierigkeiten bei der Wiederverarbeitung führen kann. Verglichen mit dem Rohmaterial können die rezyklierten Produkte außerdem minderwertige mechanische Eigenschaften aufweisen. Die thermische Stabilität ist bei den meisten Polymeren nicht betroffen.

Die Degradationsmechanismen, welche als *mechanische Degradation*, *thermische Degradation*, *thermisch-oxidative Degradation* oder *photochemische Degradation* unterschieden werden können, sind abhängig von der verwendeten Polymerisationsmethode. Zusätzlich hängt die Art und der Grad der Degradation von den Verarbeitungsbedingungen und dem Polymerverhalten ab.

3.4.1 Mechanische Degradation

Die chemischen Verbindungen der Kohlenstoff-Kohlenstoff Polymerkette werden zerstört, wenn Schub- und Zugspannung (mechanische Spannungen), verursacht durch Scherung und Dehnung, während des Extrusionsprozesses die innermolekularen Bindungskräfte übersteigen und somit zu mechanischer Degradation führen. Die mechanischen Spannungen nehmen mit steigender Kettenlänge und abnehmendem Abstand zum Kettenzentrum zu. Dies führt zu einer vermehrten Zunahme von Kettenspaltung bei längeren Polymerketten und tritt gehäuft im Kettenzentrum auf. Zusätzlich reduziert eine Abnahme der Temperatur die Beweglichkeit der Kettensegmente, was zu einer weiteren Zunahme der mechanischen Spannungen führt [27, 28]

3.4.2 Thermische Degradation

Thermische Degradation wird durch Hitze verursacht. Das Aufheizen von Polymeren führt zu einer Erhöhung der Inneren Energie, was zu folgenden Effekten führt: Als Erstes nimmt die Rotationsrate der frei beweglichen Gruppen zu, wodurch die intermolekularen Kräfte geschwächt werden. Als Zweites steigt die Vibrationsenergie der Polymerbindungen, die statistisch verteilte Bindungsbrüche entlang der Kette auslöst und so zur Bildung von zwei Radikalen an je einem Ende des Bindungsbruches führt. Schlussendlich nimmt die Beweglichkeit der aufgenommen Stoffe zu, was ihre Migration durch das Polymer und folglich auch ihre Reaktion mit reaktiven Stellen ermöglicht. [29, 30]

3.4.3 Thermisch-oxidative Degradation

Thermisch-oxidative Degradation von Polymeren wird durch Autoxidation verursacht. Die Reaktion folgt denselben Schritten wie für die Polymerisation: Startreaktion, Reaktionsverbreitung und Abbruch. Abhängig von der vorherrschenden Reaktion während der Autoxidation kann das mittlere Molekulargewicht jeweils zu- oder abnehmen. Während β-Spaltung und Fragmentierung eine Abnahme des Molekulargewichts verursachen, kann eine Zunahme bei Rekombination beobachtet werden. [31, 32, 33]

3.4.4 Auswirkung der Degradation auf Verarbeitungseigenschaften und Haltbarkeit

Es ist von Bedeutung die Degradationseffekte auf die Verarbeitungsparameter sowie die Lebensdauereigenschaften des gewünschten Produktes zu betrachten. Basierend auf der Anzahl der Wiederaufbereitungen muss deren Rate begrenzt oder die Menge an Rohmaterial, welches zum Rezyklat gemischt wird, angepasst werden, um den Verdünnungseffekt zu begrenzen. Im Folgenden werden Daten für diese Eigenschaftsänderungen für gebräuchliche Kunststoffarten dargestellt.

Wie bereits erwähnt ist PET das am häufigsten wiederaufbereitete Polymer, da es recht einfach im Recyclingprozess getrennt werden kann. Die Degradationsmechanismen von PET sind Kettenspaltungen, welche durch die Abnahme des Molekulargewichts von reinem PET zu wiederaufbereitetem PET über drei Produktionszyklen beobachtet werden können (Bild 3.3 *links*). Obwohl die Kettenlänge signifikant abnimmt, werden die mechanischen Eigenschaften nur leicht beeinflusst, wie in Bild 3.3 *mitte* und *rechts* zu sehen. Die Zugfestigkeit und Schlagfestigkeit nehmen leicht über drei Extrusionszyklen ab. In der Praxis wird PET-Rohmaterial genutzt, um Rezyklat aufzufrischen. Das Mischungsverhältnis und die daraus resultierende Verdünnung (Bild 3.1) hängt von den gewünschten Produkteigenschaften ab. Bild 3.4 zeigt die Veränderungen des Molekulargewichtes und Schlagfestigkeit für verschiedene Mischungsverhältnisse. Das Diagramm in Bild 3.3 *links* zeigt, dass das Molekulargewicht von 100 % wiederaufbereitetem PET (wie im Wiederaufbereitungsschritt 2 in Bild 3.3) in etwa 20 % niedriger als das von PET-Rohmaterial ist (wie im Wiederaufbereitungsschritt 1 in Bild 3.3). Die vermischten Materialien folgen dem linearen Trend basierend auf dem Mischungsverhältnis von Roh- zu wiederaufbereitetem PET. Beide Datensätze zeigen die Machbarkeit der Wiederaufbereitung und die Möglichkeit der Auffrischung durch Rohmaterial, um Degradationsprozesse signifikant zu reduzieren.

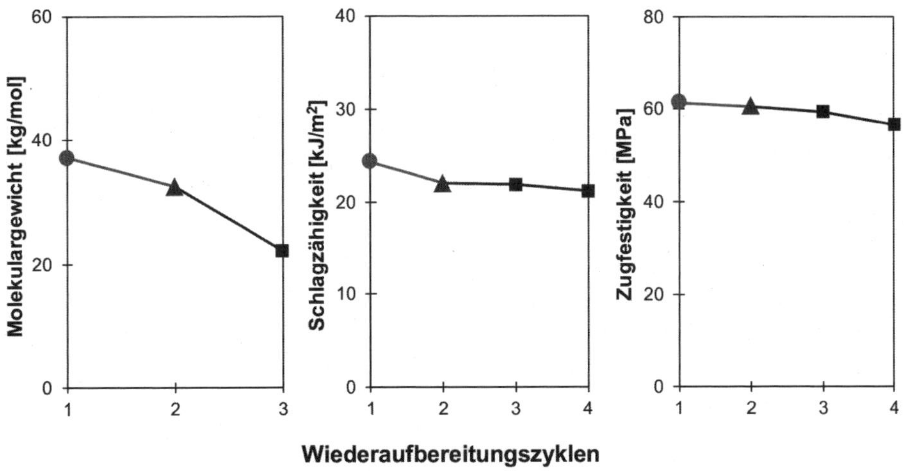

Bild 3.3 Gewichtgemitteltes Molekulargewicht und mechanische Eigenschaften von Roh-Polyethylenterephthalat (PET) und wiederaufbereitetem PET, in Abhängigkeit der Anzahl der Wiederaufbereitungsschritte (Extrusion) [34]

Eine Abnahme des Molekulargewichtes führt zu einer Reduktion der Schmelzviskosität, welche eine Maßeinheit zur Beurteilung des Fließwiderstandes darstellt und beeinflusst somit das Prozessverhalten. Aus diesem Grund müssen die Prozesseinstellungen hierfür angepasst werden. Beispielsweise kann der Einspritzdruck geringer sein. Falls das Mischungsverhältnis konstant gehalten wird, verbleibt das Material allerdings in einem stabilen Zustand und Anpassungen sind minimal. Nichtsdestotrotz kann in bestimmten Fällen die Verarbeitbarkeit von Materialien so stark beeinflusst werden, dass diese nicht mehr im selben Prozess verwendet werden können. Das Streckblasformen ist ein solches sensitives Prozessbeispiel.

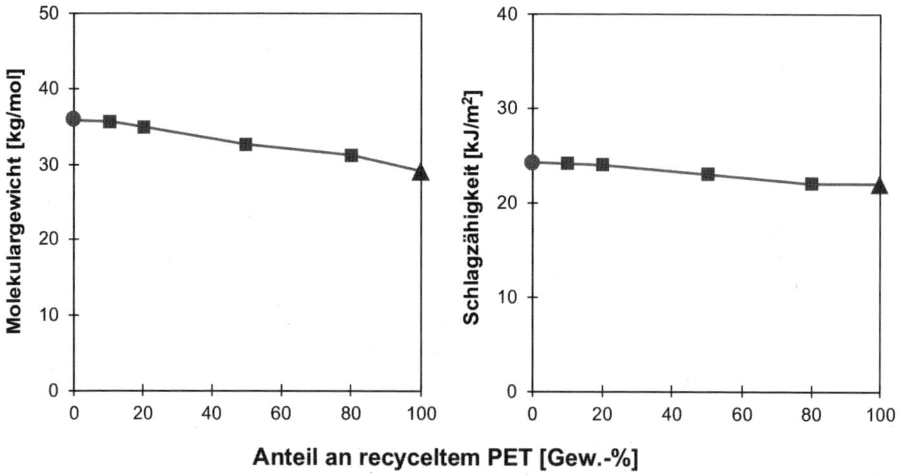

Bild 3.4 Gewichtgemitteltes Molekulargewicht und Schlagfestigkeit von Roh-PET (Polyethylenterephthalat)/wiederaufbereitete PET-Mischungen während des ersten Extrusionsschrittes [34]

High-Impact-Polystyrol (HIPS) ist eines der vielversprechendsten Materialien bezüglich seiner Wiederaufbereitung, da es geringe Schwankungen in der Schmelzviskosität aufweist. Bild 3.5 zeigt die Änderung der Viskosität über den *Schmelzflussindex (MFR; engl.: melt mass flow rate),* welcher beschreibt wieviel Gramm Material bei konstanter Last durch eine schmale Kapillare innerhalb von 10 Minuten fließt. Je höher der MFR desto geringer die Viskosität. Der MFR nimmt leicht mit der Anzahl der Wiederaufbereitungsschritte zu. Dieser Anstieg des MFR während der andauernderen Wiederaufbereitung ohne ein Auffrischen wird durch Kettenspaltung aufgrund mechanischer und thermischer Degradation verursacht.

Bild 3.6 zeigt die Verfärbung (hier als dunklere Farbe zu erkennen) von HIPS aufgrund von Degradation während verschiedener Wiederaufbereitungsschritte. Zusätzlich sind die resultierenden Veränderungen der Zugfestigkeit von HIPS illustriert. Die Degradation führt zu einer Zunahme der Zugspannungen bei Bruch und einer Abnahme der Bruchdehnung über mehrere Wiederaufbereitungsschritte. Folglich verändert sich das Materialverhalten von duktil zu spröde, was für die Produktentwicklung beachtet werden sollte. [35, 36]

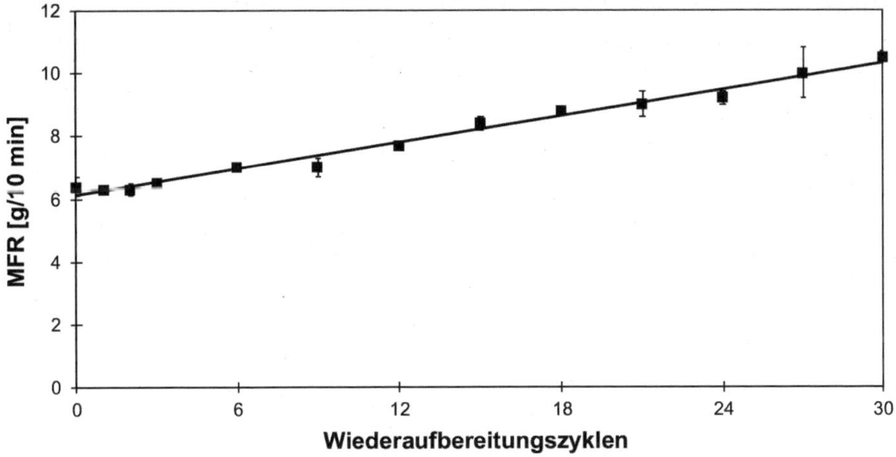

Bild 3.5 Schmelzflussindex (MFR) von High-Impact-Polystyrol (HIPS) in Abhängigkeit der Anzahl der Wiederaufbereitungsschritte (Spritzgießen) [35]

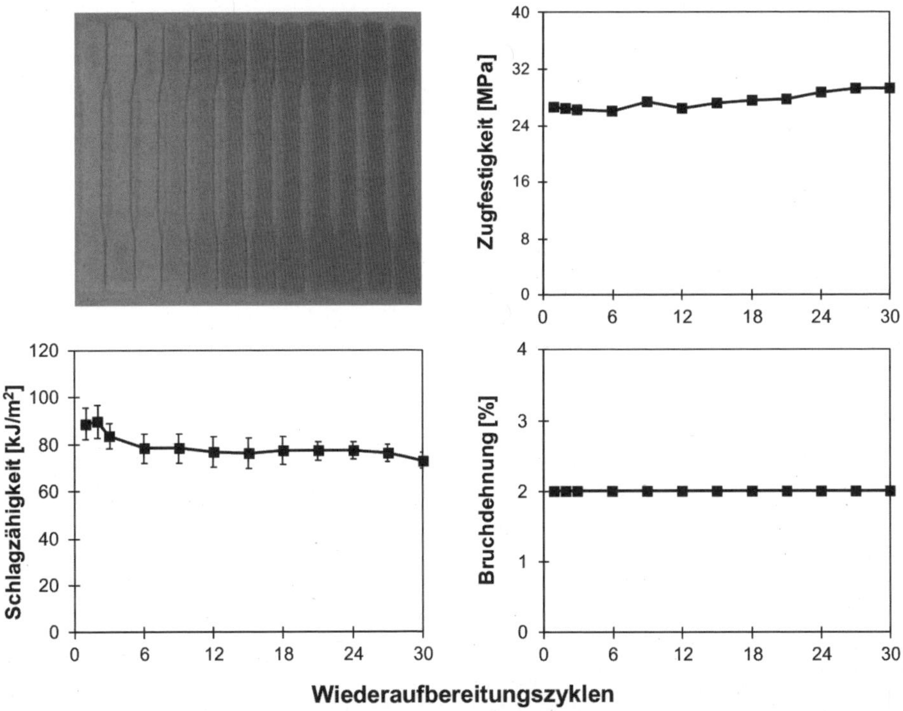

Bild 3.6 Verfärbungen/Verdunkelung und mechanische Eigenschaften von High-Impact-Polystyrol (HI-PS) in Abhängigkeit der Anzahl der Wiederaufbereitungsschritte (Spritzgießen) [35]

Anstelle von Kettenspaltung kann die Degradation zu unkontrollierten Quervernetzungen von Polymerketten bei einigen Materialien führen. Dieses Verhalten kann aus den Daten von PE-LD entnommen werden, welche in über 100 Extrusionszyklen generiert wurden (Bild 3.7). In diesem Fall steigt die komplexe Viskosität von PE-LD (*links*) mit der zunehmenden Anzahl an Extrusionszyklen an. Die Quervernetzungen in PE-LD Ketten treten während der Bildung und Reaktion von Kohlenstoffradikalen auf. Derselbe Trend kann bei der Abnahme des MFR beobachtet werden (*rechts*). Es ist anzumerken, dass die Wiederaufbereitung von PE-LD erst nach dem vierzigsten Extrusionszyklus signifikant beeinträchtigt wird. Nach Gleichung (3.1) führt eine verwendete Auffrischungsrate von weniger als 10 % an Rohmaterial zu einem Anteil von unter 1 % von 40-mal aufbereitetem Material und hat somit für diesen Fall kaum praktische Relevanz. [5]

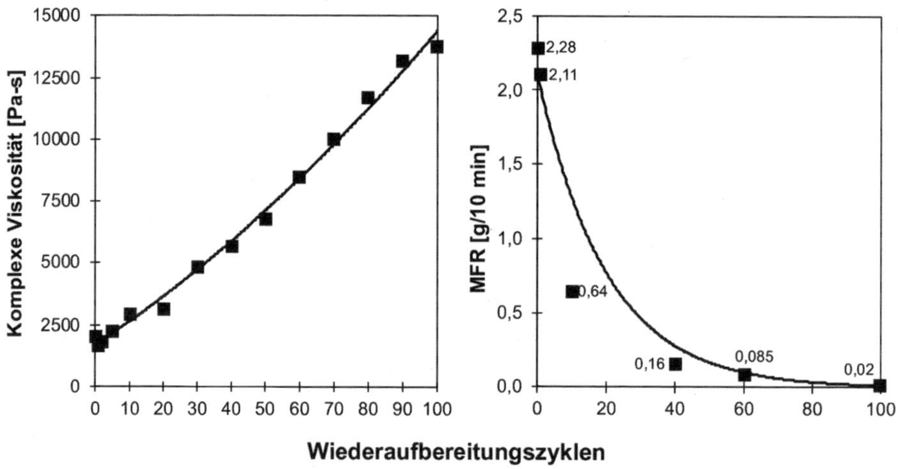

Bild 3.7 Komplexe Viskosität und MFR von Low-Density-Polyethylen über 100 Wiederaufbereitungsschritte (Extrusion) [5]

Neben der Vielzahl an synthetischen Polymeren nimmt der Anteil an Biopolymeren, welche aus erneuerbaren Rohstoffen hergestellt werden, beim Recycling zu. Ein großer Markt für Biopolymere stellen Kunststoffverpackungen dar. Polylactid (PLA), welches unter kontrollierten Bedingungen biologisch abbaubar ist, ist ein solches Polymer. Da die Konditionen für rohstoffliche Verwertung nur in bestimmten Recyclingeinrichtungen bestehen, ist auch die werkstoffliche Verwertung für PLA von Interesse. Bild 3.8 zeigt, dass mehrere Spritzgusszyklen Materialabbau hervorrufen können, was in der signifikanten Änderung des MFR beobachtet werden kann. Jedoch ändert sich die Schlagfestigkeit von PLA auch nach mehreren Zyklen nicht, was eine gute Wiederverwertbarkeit bezüglich der Lebensdauer des Kunststoffes indiziert.

Polycarbonat (PC) ist ein weiteres Material mit einem hohen Potential für Recycling. Es wird als Kunststoff Nummer 7 identifiziert und kommt vermehrt in Elektroabfällen vor. Das Recyceln von PC ist bedeutend, um eine mögliche Auswaschung von

Bisphenol A in Mülldeponien zu verhindern. Bild 3.9 illustriert den Effekt von mehreren Spritzgusszyklen auf die mechanischen Eigenschaften von PC. Zugfestigkeit und Steifigkeit sind auch nach fünf Zyklen konstant. Im Gegensatz dazu nimmt die Bruchdehnung und Zähigkeit mit steigender Anzahl an Wiederaufbereitungszyklen ab. Die Zähigkeit von PC reduziert sich um circa 42 % von Rohmaterial bis zu den letzten Wiederaufbereitungsschritten, während sich die Bruchdehnung um 37 % reduziert. [38]

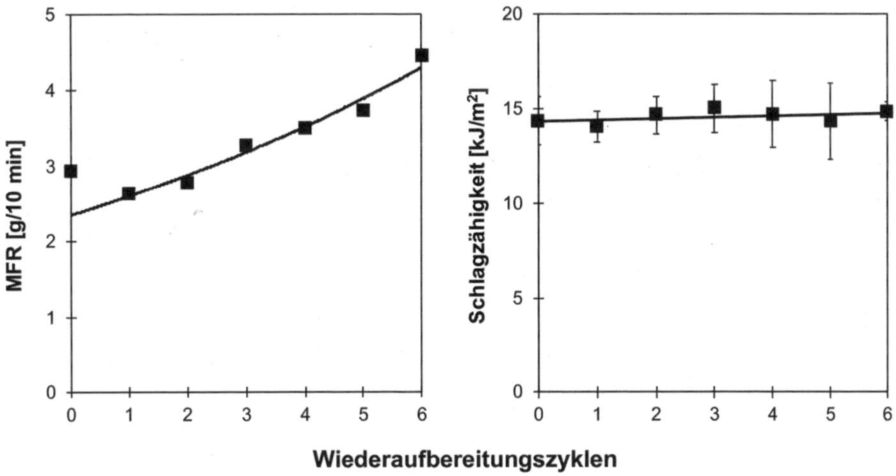

Bild 3.8 MFR und Schlagzähigkeit von Polylactid (PLA) in Abhängigkeit der Anzahl der Wiederaufbereitungsschritte (Spritzgießen) [37]

Bild 3.10 zeigt dieselben mechanischen Eigenschaften für verschiedene Mischungsverhältnisse von Rohmaterial an PC und recyceltem PC. Erneut zeigt ein Vergleich der Eigenschaftsänderungen über mehrere Aufbereitungsschritte von 100 % Material (Bild 3.9) zu aufgefrischtem Material (Bild 3.10) beinahe keine Eigenschaftsänderungen durch die Auffrischung. In Bild 3.10 ist zu erkennen, dass das Material dem linearen Trend abhängig vom Mischungsverhältnis folgt, vergleichbar zu den Beobachtungen bei PET.

Für die meisten technischen Produkte werden Kunststoffe mit Füllstoffen wie beispielweise Glasfaser (GF) verstärkt. Ein geläufiges Polymermaterial ist Polyamid 6.6 (PA 6.6). In diesen Stoffen kann die Faserlängenverteilung die Leistung beeinflussen, was im Folgenden anhand des Beispiels von recyceltem Glasfaser/PA 6.6 Verbundkunststoff erläutert wird. Das Recycling von Produktionsausschuss führt zu einer Verschlechterung in den mechanischen Eigenschaften aufgrund einer Faserlängenverkürzung während der Aufbereitung und dem ersten Spritzgusszyklus, aufgezeigt in Bild 3.11 . Obwohl die Änderung der Eigenschaften signifikant ist, ist zu sehen, dass ein Auffrischen von recyceltem Material mit Rohmaterial Glasfaser/PA 6.6 einen signifikanten Einfluss auf die Eigenschaftsänderungen hat. Bild 3.12 zeigt, dass der Eigenschaftsabbau durch eine Zugabe an Rohmaterial reduziert werden kann. [39, 40]

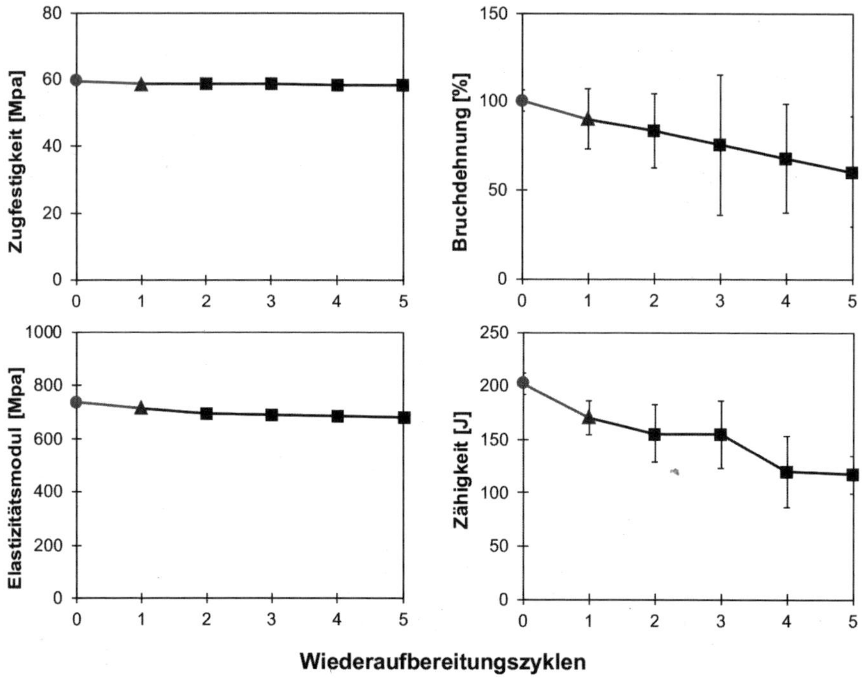

Bild 3.9 Mechanische Eigenschaften von Polycarbonat (PC) in Abhängigkeit der Wiederaufbereitungsschritte (Spritzgießen) [38]

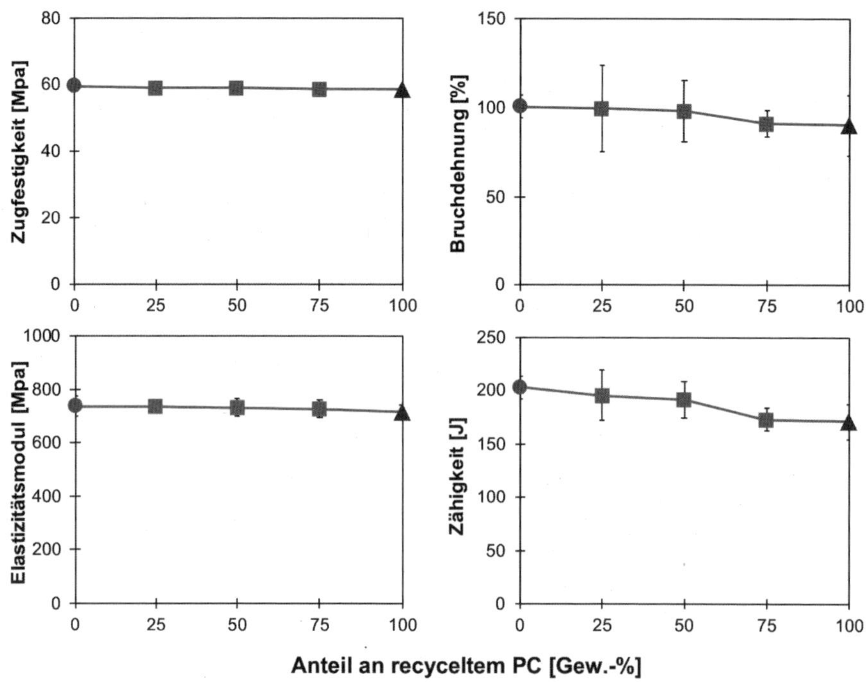

Bild 3.10 Mechanische Eigenschaften von Polycarbonat Rohmaterial (PC)/recyceltem PC-Mischungen in Abhängigkeit des prozentualen Anteils von recyceltem PC beim ersten Wiederaufbereitungsschritt [38]

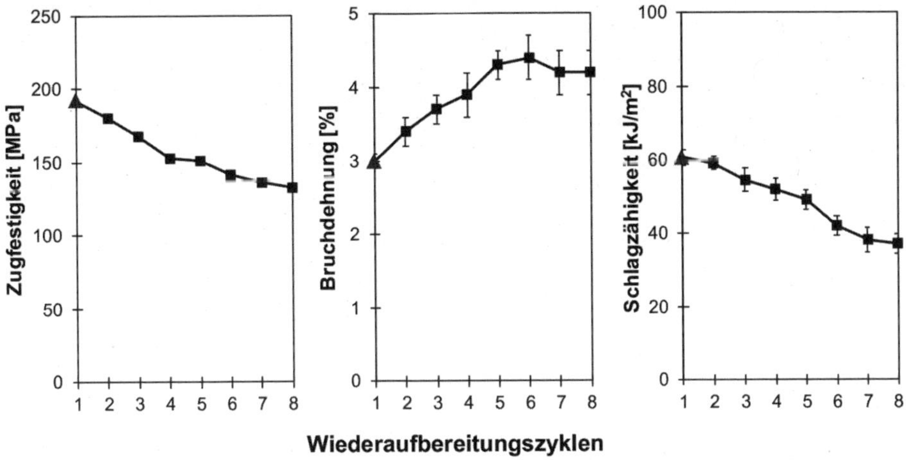

Bild 3.11 Mechanische Eigenschaften von recyceltem Glasfaser/PA 6.6 Verbundkunststoff in Abhängigkeit von der Anzahl der Wiederaufbereitungsschritte [39, 40]

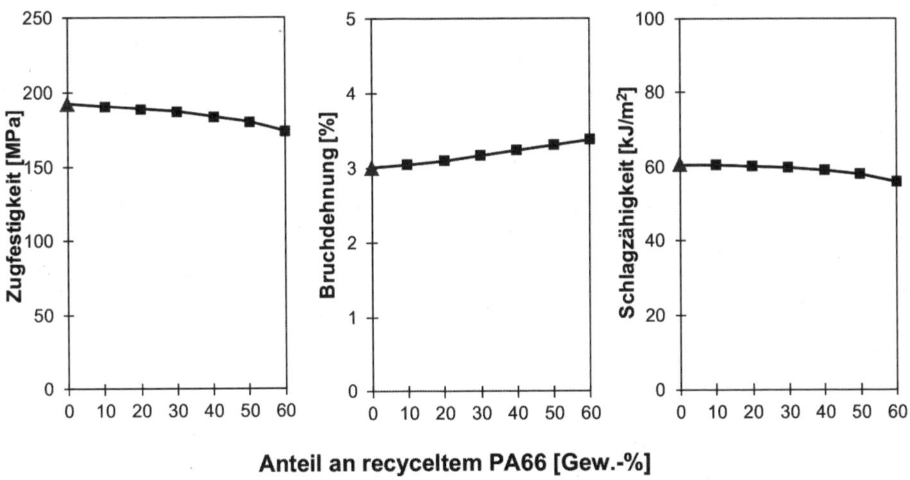

Bild 3.12 Mechanische Eigenschaften von recyceltem Glasfaser/PA 6.6 Verbundkunststoff in Abhängigkeit des prozentualen Anteils von recyceltem Verbundkunststoff im ersten Wiederaufbereitungsschritt [39, 40]

3.5 Verunreinigungen

Kunststoffe sind schwer zu reinigen da Verunreinigungen in die Polymermatrix eindringen. Verbundkunststoff- und Kunststoffmischungsabfall sind ganz besonders schwer in die verschiedenen Kunststoffarten, welche unterschiedliche Aufbereitungstechniken und -einstellungen benötigen, zu trennen. [23]

Es existieren einige Verunreinigungen, die die Wiederverwertungsprozesse signifikant behindern können und somit zu einer starken Leistungsverschlechterung von recycelten Materialien führen. Während der Extrusion wird das Material hohen Temperaturen und mechanischen Belastungen ausgesetzt, Verunreinigungen im Material können somit zu hydrolytischer und thermischer Degradation führen und somit das Molekulargewicht und die Viskosität des Kunststoffes herabsetzen.

Im Fall des Wiederverwertungsprozesses von PET sind typische Verunreinigungen Säure oder säureproduzierende Zusammensetzungen, welche beispielsweise bei der Vermischung von PET und PVC entstehen. Von PVC produzierte Salzsäure fungiert als Katalysator für Kettenspaltungsreaktionen. Ebenso kann ein erhöhter Wasseranteil zu Kettenspaltung durch Hydrolyse führen. Die meisten Verunreinigungen mit Wasser kommen von den Waschvorgängen und können durch gründliche Trocknung entfernt werden. Färbungen und Farbstoffe sind eine weitere Quelle für Verunreinigungen und führen zu ungewünschten, meist bräunlichen Farben in recycelten Kunststoffen. Nicht zu letzt sind Verunreinigungen wie Acetaldehyd (ein natürliches Abbauprodukt von PET) und andere Verunreinigungen durch den Missbrauch von PET durch Anwender (beispielweise als Benzin-, Pestizidbehälter oder Aufbewahrung andere gefährliche Stoffe) potenzielle Gesundheitsrisiken bei recycelten PET Produkten. [23]

3.6 Fazit: Technische Realisierbarkeit des Kunststoffrecycling

Das Kapitel 3 zeigt auf, dass die Rezyklierbarkeit von Kunststoffabfällen von der Abfallquelle sowie von der Sensitivität des Polymers oder der Polymere gegenüber Materialabbau abhängt. In den meisten Fällen kann Pre-Consumer-Abfall (Produktionsausschuss) mit einer geringen Verschlechterung der Eigenschaften aufbereitet werden. Die Eigenschaftsveränderungen können zusätzlich minimiert oder auch erweitert werden, indem das zerkleinerte Material mit Rohmaterial aufgefrischt wird. Obwohl die Verarbeitungseigenschaften wie die Viskosität betroffen sind, sind die Änderungen bezüglich der Lebensdauereigenschaften wie die mechanische Leistung häufig vernachlässigbar. In der industriellen Fertigung kann das Verhältnis des recycelten Materials leicht bis zu 30 % betragen.

Die Recyclingquote von Post-Consumer-Abfällen ist jedoch sehr gering. Dies ist den technischen Einschränkungen, wie die limitierte Verfügbarkeit von sauberen und unvermischten Post-Consumer-Abfällen, geschuldet. Die Quote kann nur erhöht werden, wenn der Wiederverwertungsprozess ein fester Bestandteil des Produktlebenszyklus wird und sowohl Hersteller als auch Verbraucher einen aktiven Beitrag in der Verbesserung dieses Prozesses leisten.

Literatur zu Kapitel 3

[1] The Association of Postconsumer Plastic Recyclers and American Chemistry Council. 2013 *United States National Post-Consumer Plastics Bottle Recycling Report.* Washington, D. C. S. 1-10, 2014.

[2] American Chemistry Council Economics & Statistics Department. *Plastic Resins in the United States.* Washington, D. C. 2013.

[3] Hopmann, C., and Michaeli, W. *Einführung in die Kunststoffverarbeitung,* 7th ed. Hanser Publishers, München. 2015.

[4] Ignatyev, I. A., Thielemans, W., and Vander Beke, B. Recycling of polymers: a review. *ChemSusChem.* Ausgabe 7, S. 1579–1593, 2014.

[5] Hamad, K., Kaseem, M., and Deri, F. Recycling of waste from polymer materials: an overview of the recent works. *Polymer Degradation and Stability.* Ausgabe 98, S. 2801–2812, 2013.

[6] Burillo, G., Clough, R. L., Czvikovsky, T., Guven, O., Le Moel, A., Liu, W., Singh, A., Yang, J., and Zaharescu, T. Polymer recycling: potential application of radiation technology. *Radiation Physics and Chemistry.* Ausgabe. 64, S. 41–51, 2002.

[7] Dandy, L. O., Oliveux, G., Wood, J., Jenkins, M. J., and Leeke, G. A. Accelerated degradation of polyetheretherketone (PEEK) composite materials for recycling applications. *Polymer Degradation and Stability.* Ausgabe. 112, S. 52–62, 2015.

[8] MainStream Project. *The New Plastics Economy: Rethinking the Future of Plastics.* Ellen MacArthur Foundation, World Economic Forum, and McKinsey & Company. Genf, Schweiz. 2016.

[9] Goodship, V. *Introduction to Plastics Recycling.* Smithers Rapra, Shawbury, Großbritannien. 2007.

[10] Brandrup, J., Bittner, M., Michaeli, W., and Menges, G. Die Wiederverwertung von Kunststoffen. Hanser Publishers, München. S. 738–745, 1995.

[11] CONVERSIO Market und Strategy GmbH. *Stoffstrombild Kunststoffe in Deutschland 2017.* 2018

[12] Ritchie, H. *Our World in Data: FAQ on Plastic Waste.* URL: https://ourworldindata.org/faq-on-plastics [Stand: 20.07.2019]

[13] European Commission's Directorate-General Environment. *Plastic Waste: Ecological and Human Health Impacts.* Science for Environment Policy, In-depth Report. S. 1–37, 2011.

[14] Franklin Associates. *Impact of Plastics Packaging on Life Cycle Energy Consumption & Greenhouse Gas Emissions in the United States and Canada.* American Chemistry Council (ACC) and Canadian Plastics Industry Association (CPIA). 2014.

[15] Gerard, K. *Use of Plastic Materials in the Construction Industry.* URL: https://www.craftechind.com/use-of-plastic-materials-in-the-construction-industry/ [Stand: 20.07.2019]

[16] nibusinessinfo.co.uk. *Recycling construction materials - Recycling plastic from construction projects.* URL: https://www.nibusinessinfo.co.uk/content/recycling-plastic-construction-projects [Stand: 20.07.2019]

[17] Thibodeaux, J. *Recycling agricultural plastic is growing industry.* URL: https://www.greensourcedfw.org/articles/recycling-agricultural-plastic-growing-industry [Stand: 20.07.2019]

[18] Grossmann, E. *How can agriculture solve its $ 5.87 billion plastic problem?* URL: https://www.greenbiz.com/article/how-can-agriculture-solve-its-1-billion-plastic-problem [Stand: 20.07.2019]

[19] Barth, B. *3 Ways Farmers are Kicking the Plastic Habit.* URL: https://modernfarmer.com/2015/09/agriculture-plastic-waste/ [Stand: 20.07.2019]

[20] Schwesig, A., Riise, B., and Ybbs, D. *PC/ABS recovered from shredded waste electrical and electronics equipment.* SPE Annual Technicial Conference (ANTEC), Indiana-polis, IN, 2016. In: SPE ANTEC Conference Proceedings. S. 1774–1779.

[21] Plastic Moulding. *Polyethylene.* URL: http://www.plasticmoulding.ca/polymers/polyethylene.htm [Stand: 20.07.2019]

[22] Polymer Properties Database. *A-Z Polymer Data.* URL: http://polymerdatabase.com/home.html [Stand: 20.07.2019]

[23] Holton, C. Dissolving the plastics problem. *Environmental Health Perspectives.* Ausgabe 105, S. 388–390, 1997.

[24] Illumin. *Recycling Plastics: New Recycling Technology and Biodegradable Polymer Development.* URL: https://illumin.usc.edu/recycling-plastics-new-recycling-technology-and-biodegradable-polymer-development/ [Stand: 20.07.2019]

[25] Ruj, B., Pandey, V., Jash, P., and Srivastava, V. Sorting of plastic waste for effective recycling. *International Journal of Applied Science and Engineering Research.* Ausgabe. 4, S. 564–571, 2015.

[26] Sanchez-Parra, K. M. *Effects of processing events on commodity thermoplastics.* Abschlussarbeit, University of Wisconsin-Madison, Madison, WI. 2013.

[27] Basedow, A. A. M., Ebert, K. H., and Hunger, H. Effects of mechanical stress on the reactivity of polymers: shear degradation of polyacrylamide and dextran. *Die Makromolekulare Chemie.* Ausgabe 180, S. 411–427, 1979.

[28] Goldberg, V. M., and Zaikov, G. E. Kinetics of mechanical degradation in melts under model conditions and during processing of polymers—a review. *Polymer Degradation and Stability.* Ausgabe 19, S. 221–250, 1987.

[29] Peacock, A. J. and Calhoun, A. *Polymer Chemistry: Properties and Applications.* Hanser Gardner Publishers, Cincinnati, OH. 2006.

[30] Schmiederer, D. *Schonende Spritzgiessverarbeitung von Thermoplasten*: Univ. Erlangen-Nürnberg, Lehrstuhl für Kunststofftechnik. 2008.

[31] Zweifel, H. *Stabilization of Polymeric Materials.* Springer-Verlag, Berlin. 1998.

[32] Gugumus, F. Mechanisms of thermooxidative stabilization with HAS. *Polymer Degradation and Stability.* Ausgabe 44, S. 299–322, 1994.

[33] Moss, S., and Zweifel, H. Degradation and stabilization of high density polyethylene during multiple extrusions. *Polymer Degradation and Stability.* Ausgabe 25, S. 217–245, 1989.

[34] Frounchi, M. Studies on degradation of PET in mechanical recycling. *Macromolecular Symposia.* Ausgabe 144, S. 465–469, 1999.

[35] DeSousa, J. The effects of multiple heat histories on the mechanical properties of high-impact polystyrene. Paper presented at SPE Annual Technical (ANTEC), San Francisco, CA, Mai, 2002. In *SPE ANTEC Conference Proceedings.* Ausgabe 3, S. 2925.

[36] Vilaplana, F., Ribes-Greus, A., and Karlsson, S. Degradation of recycled high-impact polystyrene. Simulation by reprocessing and thermo-oxidation. *Polymer Degradation and Stability.* Ausgabe 91, S. 2163–2170, 2006.

[37] Yarahmadi, N., Jakubowicz, I., and Enebro, J. Polylactic acid and its blends with petroleum-based resins: effects of reprocessing and recycling on properties. *Journal of Applied Polymer Science.* Ausgabe 133, S. 1-9, 2016.

[38] Case, R. M., Korzen, A. P., and Maclean, S. B. The effects of regrind loading levels and heat history on the properties of selected engineering polymers. Paper presented at SPE Annual Technical Conference (ANTEC), Dallas, TX, 6.–16. Mai 2001.

[39] Eriksson, P.-A., Albertsson, A.-C., Boydell, P., Eriksson, K., and Månson, J.-A. E. Reprocessing of fiberglass reinforced polyamide 66: influence on short term properties. *Polymer Composites.* Ausgabe 17, S. 823–829, 1996.

[40] Eriksson, P. A., Albertsson, A. C., Boydell, P., Prautzsch, G., and Manson, J. A. E. Prediction of mechanical properties of recycled fiberglass reinforced polyamide 66. *Polymer Composites.* Ausgabe 17, S. 830–839, 1996.

[41] PlasticsEurope. *Automotive – the world moves with plastics.* Brüssel, Belgien. 2013.

[42] Deloitte. *Chemie 4.0 – Wachstum durch Innovation in einer Welt im Umbruch.* Düsseldorf. 2017.

4 Ökonomische Analyse der Behandlung von Kunststoffabfällen

Der erste Schritt zur Verbesserung des Umgangs mit Kunststoffabfällen ist die Analyse der Verfahren unter wirtschaftlichen Gesichtspunkten. Daher werden zunächst die Grundlagen der Wirtschaftlichkeit überprüft. Anschließend wird anhand dieser Prinzipien die Wirtschaftlichkeit von Deponierung, Verbrennung mit Energierückgewinnung sowie Recycling analysiert und verglichen.

4.1 Grundlagen der Wirtschaftlichkeitsanalyse

4.1.1 Wirtschaftlichkeitsberechnung

In Theorie und Praxis existieren eine Vielzahl von Techniken zur Bewertung und zum Vergleich der Wirtschaftlichkeit. Sie leiten sich aus der klassischen Investitionsplanung ab, die den Vorteil einer Investition mit bekannten Anschaffungskosten berücksichtigt und dazu entworfen wurde, die Auswahl der besten Langzeitinvestitionen zu unterstützen. [1, 2]

Die Investitionsplanung umfasst die Bewertung von Unternehmen und Prozessen über die sogenannte *Wirtschaftlichkeitsberechnung*. Ihr Zweck ist es, die Rentabilität eines Unternehmens oder Prozesses zu messen, um einen Preis für das Unternehmen oder den Prozess abzuleiten. Es ermöglicht auch den Vergleich der Effizienz verschiedener Prozesse miteinander. [1] Daher kann die Wirtschaftlichkeitsberechnung verwendet werden, um Deponierung, Verbrennung mit Energierückgewinnung und Recycling aus wirtschaftlicher Sicht zu vergleichen.

In der Wirtschaftstheorie und der Unternehmenspraxis gibt es zwei Hauptverfahren, um diese Berechnung durchzuführen:

- *Statische Verfahren* ermitteln die Wirtschaftlichkeit unter konstanten Rahmenbedingungen und berücksichtigen explizit nur einen Zeitraum, der für sämtliche Zeiträume als repräsentativ angenommen wird. Ein typischer Betrachtungszeitraum beträgt ein Jahr. Die Daten für diesen Zeitraum werden unter Berücksichtigung des gesamten Planungszeitraums (in der Regel der erwarteten Investitionslaufzeit) und schließlich unter Ableitung der durchschnittlichen Kosten- und Gewinndaten für den Berichtszeitraum gewonnen. [1, 3]
- *Dynamische Verfahren* analysieren auch den Einfluss des Investitionszeitpunktes auf die Wirtschaftlichkeit. Durch die Diskontierung von Zahlungen und Erträgen unter Verwendung identischer Referenzwerte mittels Zinseszinsrechnung wird sowohl der Einfluss der Höhe als auch des Zeitpunktes der Investition auf die Rentabilität berücksichtigt. Diese Methoden sind im Allgemeinen realitätsnäher, was ein klarer Vorteil gegenüber statischen Verfahren ist. Wenn z. B. eine Investition in eine neue Maschine analysiert werden muss, können mit dynamischen Methoden Faktoren wie Lerneffekte und sinkende Herstellungskosten einbezogen werden, die einen großen Einfluss auf die Wirtschaftlichkeit haben. [1, 4, 5, 6]

Probleme bei dynamischen Verfahren sind die Datenerhebung sowie die Unsicherheit über zukünftige Zahlungen, Erträge und Marktverhalten (z. B. Inflation), die zu Ungenauigkeiten in den Ergebnissen führen können. Aus diesem Grund werden statische Methoden, trotz der vereinfachten Darstellung, sehr häufig eingesetzt. In der Praxis werden statische und dynamische Methoden oft in Kombination verwendet, da sich Unternehmen nicht auf nur eine dieser Methoden verlassen wollen. [1]

Im Folgenden werden statische Methoden zur Wirtschaftlichkeitsanalyse der Kunststoffabfallverarbeitung eingesetzt.

4.1.2 Statische Wirtschaftlichkeitsberechnung

Wie in Abschnitt 4.1.1 erwähnt, berücksichtigen statische ökonomische Bewertungen nur einen Durchschnittszeitraum (z. B. ein Jahr), der als repräsentativ für die Lebensdauer des Prozesses angenommen wird. Diese Methoden konzentrieren sich auf ein rein finanzielles Maß für die Rentabilität, das auf zwei Arten betrachtet werden kann:

- *Absolute Rentabilität:* In ein Unternehmen oder einen Prozess zu investieren und/oder es zu führen, ist wirtschaftlich besser als es nicht zu tun.
- *Relative Rentabilität:* Die Investition in und/oder der Betrieb von Unternehmen A oder Prozess A ist wirtschaftlich besser als die Investition in und/oder der Betrieb von Unternehmen B oder Prozess B.

Statische Methoden gehen von konstanten Zahlungen und Erträgen aus und berücksichtigen nicht den sich im Zeitverlauf ändernden Wert der Zahlungsmittel. In der Theorie existieren vier Methoden, um die Wirtschaftlichkeit statisch zu analysieren:

1. Kostenvergleichsrechnung
2. Gewinnvergleichsrechnung
3. Pay-Back-Zeit
4. Rentabilitätsrechnung

Für die Wirtschaftlichkeitsanalyse in diesem Buch wird die Gewinnvergleichsrechnung genutzt. [1, 3, 7]

4.1.3 Gewinnvergleichsrechnung

Die in diesem Kapitel verwendete *Gewinnvergleichsrechnung* berechnet den Gewinn von Kunststoffabfallverarbeitungsprozessen, indem sie die Gesamtkosten dieser Prozesse von den Gesamterlösen subtrahiert. Die beiden betrachteten Arten der Rentabilität sind:

- *Absolute Rentabilität:* der Gewinn eines Abfallverarbeitungsprozesses.
- *Relative Rentabilität:* der Gewinn eines bestimmten Abfallverarbeitungsverfahrens im Vergleich zum Gewinn eines anderen Abfallverarbeitungsverfahrens.

Die in der Kalkulation enthaltenen Kosten sind: [3, 5]

- *Initiale Investitionskosten*
- *Kapitalkosten*: Abschreibungen und Zinsen
- *Fixkosten*: Mietkosten und/oder Grundstückskosten, feste Gehälter und Rüstkosten
- *Variable Kosten*: Material- und Werkzeugkosten; direkte Arbeitskosten; Energie-, Strom- und Wasserkosten; Wartungskosten; Steuern

Bei der Kunststoffabfallverarbeitung hängt der Erlös vom Verfahren ab: Die Verbrennung mit Energierückgewinnung erzielt Einnahmen aus dem Verkauf von produziertem Strom, das Recycling durch den Verkauf recycelter Pellets oder Kunststoffprodukte. Bei der Deponierung entstehen keine Erlöse.

Nach der Summierung aller Kosten und Erlöse für jedes Kunststoffabfallverfahren müssen die durchschnittlichen Zahlungsströme für einen repräsentativen Zeitraum oder eine repräsentative Einheit ermittelt werden, um den Gewinn jedes Verfahrens zu schätzen. In diesem Buch wird die Berechnung der absoluten und relativen Rentabilität mit der Vergleichsgröße **1 Tonne (t) Kunststoffabfall** ermittelt. [3]

4.2 Ökonomische Analyse der Deponierung

Wie in Abschnitt 1.2.1 beschrieben, sind Deponien zur Einhaltung von behördlichen Vorschriften verpflichtet, die unter anderem standortbezogene Beschränkungen, Gestaltungsspezifikationen, Betriebsstandards und Verschlussvorschriften umfassen. Diese Vorschriften haben einen großen Einfluss auf die Kosten für den Bau, den Betrieb und die endgültige Stilllegung von Deponien. [8, 9]

Neben regulatorischen Aspekten sind die *Deponiekosten* standortspezifisch; sie variieren daher je nach Gelände, Bodenart, Klima, Standortbeschränkungen und Menge der entsorgten Abfälle. Für ökonomische Analysen werden die Kosten von Deponien hauptsächlich in vier Kategorien eingeteilt: [9, 10, 11, 12, 13]

- Baukosten
- Betriebskosten
- Schließungskosten
- Folge- und Wartungskosten

Da die Daten hinsichtlich der Größe teilweise aus einem amerikanischen Fallbeispiel stammen, werden die Größen teilweise auch in einem angloamerikanischen Einheitssystem angegeben. Daher enthält auch der Anhang (Kapitel 8) die Berechnungen für das angloamerikanische, als auch das metrische Einheitensystem.

Zur Wirtschaftlichkeitsanalyse der Deponierung wird eine Deponie mit der Grundfläche 366 m × 366 m (1.200 ft × 1.200 ft, ca. 33 acres) analysiert. Die betrachtete Deponie verfügt über eine jährliche Entsorgung von 200.000 t, beziehungsweise 500 t bis 600 t täglich. Tabelle 4.1 fasst wichtige Annahmen zusammen, die für die wirtschaftliche Analyse erforderlich sind. [11, 12, 13]

Um den Gewinn der Deponierung zu berechnen, müssen zunächst die Kosten ermittelt werden. Daher werden die Gesamtkosten der 13,5 ha (33 acres) großen Deponie zusammengefasst und schließlich durch das Gesamtgewicht der über die gesamte Lebensdauer der Deponie (2.200.000 t) entsorgten Siedlungsabfälle dividiert.

Zunächst werden dafür die Kosten für die *Konstruktion*, die sich in Kosten für den Hilfsanlagenbau und für die Liner-Protection unterteilt, betrachtet. Basierend auf der Grundfläche von 366 m × 366 m (1.200 ft × 1.200 ft) hat die Zugangsstraße der Deponie eine Länge von ca. 381,00 m (1.250 ft), das heißt bei vier Seiten insgesamt 1.524,00 m (5.000 ft). Einschließlich möglicher Rückstellpotenziale für die Deponie aus der von der staatlichen Aufsichtsbehörde geforderten Grundstücksgrenze und zusätzlicher Flächen für andere Anlagen ergibt sich daraus eine Länge des Sicherheitszauns von 1.830 m (6.000 ft). Die Kosten pro Fuß oder Meter Straße und Zaun sind im Anhang in Tabelle 8.1 (metrisch) bzw. Tabelle 8.2 (angloamerikanisch) angegeben. Der Raum und die Kosten für Nebengebäude, einschließlich Bürogebäude, Wartungsgebäude, Hütten und Geräteschuppen, sind in Tabelle 8.1

(metrisch) bzw. Tabelle 8.2 (angloamerikanisch) aufgeführt. Darüber hinaus benötigt jede Deponie eine modulare Fahrzeugwaage und ein dazugehöriges Computersystem. [13]

Tabelle 4.1 Annahmen für die wirtschaftliche Analyse der Deponierung

Lebensdauer [Jahre]	11	
Nachsorgezeitraum [Jahre]	30	
Endgültige Oberflächengüte [acres] | [Hektar (ha)]	34,00	13,76
Boden der Deponie [acres] | [Hektar (ha)]	33,50	13,56
Entsorgungskapazität bebaute Fläche [yd³/acre] | [m²/m³]	60.000	19,39
Gesamtkapazität [yd³] | [m³]	4.000.000	3.058.104
Dichte des Abfalls in der Anlage [t/yd³] | [t/m³]	0,55	0,72
Gewichtskapazität pro Hektar [t/acre] | [t/m²]	33.000	49,42
Abfallmenge pro Tag [t]	500-600	
Abfallmenge pro Jahr [t]	200.000	
Gesamtgewichtskapazität [t]	2.227.500	
Gesamtgewicht der Deponie (11 Jahre) [t]	2.200.000	

Der Boden der Deponie mit einer Fläche von 14 ha (33,5 acres) benötigt ein Liner- und Sickerwassersystem. Nach einer Standortbestimmung muss zunächst der untere Bereich geräumt und gerodet werden. Nach der Fertigstellung werden die Steigungen und Erhöhungen des Linerbaus durch Aushub ermittelt. Es wird davon ausgegangen, dass die Deponie eine minimale strukturelle Damm-Berme aufweist, die entlang des Umfangs der Deponie konstruiert wurde, um die Verankerung der Liner-Construction und die strukturelle Stabilität der Damm-Zehe für die endgültige Entsorgungsböschung zu gewährleisten. Nach Festlegung der grundlegenden Eigenschaften wird das Liner- und Sickerwasser-Managementsystem der Deponie, einschließlich Tonauskleidung, Geomembran, Geokompositboden und Granulatboden, erstellt. Neben diesen physischen Handlungen des Baus und der Installation sind Management und Qualitätskontrolle erforderlich, die in der Regel von unabhängigen externen Beratern durchgeführt werden. Die detaillierte Kostenaufstellung ist auch in Tabelle 8.1 (metrisch) bzw. Tabelle 8.2 (angloamerikanisch) enthalten.

Im Durchschnitt betragen die gesamten *Konstruktionskosten* für die fertige Deponie **18.067.905 €**, wie in Tabelle 4.2 dargestellt. [11, 13]

Tabelle 4.2 Konstruktionskosten der Deponie

	Minimum	Maximum	Durchschnitt
Unterstützungseinrichtungen [€]	1.057.770	1.611.540	1.334.655
Liner-Construction [€]	10.130.400	23.336.100	16.733.250
Gesamtkonstruktionskosten [€]	11.188.170	24.947.640	18.067.905

Die *Betriebskosten* umfassen Personal, Versorgungsunternehmen, Anlagenbetrieb, Entsorgung und Behandlung von Sickerwasser, den Betrieb der Waage, Buchführung, Rechnungsstellung, technisches Personal, Umweltüberwachung und tägliche Abdeckung der Abfälle. Unter der Annahme einer Abfallverarbeitung von 200.000 t pro Jahr, was einer Abfallaufnahme von 500 t bis 600 t pro Tag entspricht, braucht diese Deponie mindestens einen Frontlader für den Transport von Schüttgut und kleinen Bauaufgaben (z. B. CAT 950H), einen Bulldozer mit einem Müllabfuhrgestell zur Verteilung von Schmutz und Abfällen (z. B. CAT D7) und einen Stahlradverdichter zur Verdichtung der Abfälle und Erreichung einer maximal möglichen Lagerdichte (z. B. CAT 826G). Zusätzliche Ausrüstung wie Wassersprühfahrzeuge (zum Niederhalten von Staub), ein Schaber, ein Bagger, mehrere Pickup-Fahrzeuge und ein Planiergerät sind ebenfalls nötig. [14, 15, 16]

Die Gehälter aller Mitarbeiter basieren auf durchschnittlichen Bruttowerten. Zusammenfassend betrachtet, betragen die jährlichen Betriebskosten **1.622.470 €** oder **17.847.170 €** nach 11 Jahren, wie in Tabelle 4.3 dargestellt. Detaillierte Betriebskostenberechnungen sind in Tabelle 8.3 im Anhang dargestellt. [11, 13, 17, 18, 19, 20, 21]

Tabelle 4.3 Betriebskosten der Deponie

Bearbeitungskosten (pro Jahr) [€]	1.433.470
Sammlungs- und Behandlungskosten von Sickerwasser (pro Jahr) [€]	27.000
Umweltprobenahme- und -überwachungskosten (pro Jahr) [€]	54.000
Kosten für Ingenieurdienstleistungen (pro Jahr) [€]	108.000
Betriebskosten pro Jahr [€]	1.622.470
Gesamtbetriebskosten der Deponie (11 Jahre) [€]	17.847.170

Nach 11 Jahren Nutzung zur Entsorgung von Abfällen sollte die Deponie geschlossen werden. Aufgrund der Neigung beträgt die endgültige Oberfläche, die eine Deckschicht und Verkleidung erfordert, circa 14 ha (34 acres). Der Verschlussprozess beginnt mit der Vermessung der Oberfläche, um eine endgültige Abdeckung des Abfalls zu erhalten. Sobald dieser Schritt abgeschlossen ist, beginnt der Bau der letzten Abdeckung, der eine Geomembrankappe und vegetativen Boden,

Saatgut, Mulch und Düngemittel beinhaltet. Um Luft- und Bodenverschmutzung zu vermeiden, werden Abfluss- und Gaskontrollsysteme installiert. Neben diesen physischen Handlungen des Baus und der Installation sind Management und Qualitätskontrolle erforderlich. Eine detaillierte Kostenaufstellung ist in Tabelle 8.4 (metrisch) und Tabelle 8.5 (angloamerikanisch) im Anhang dargestellt. Zusammenfassend lässt sich sagen, dass die *Stilllegungskosten* der betrachteten Deponie zwischen **6.946.200 €** und **9.975.600 €** liegen, bei durchschnittlichen Gesamtkosten von **8.460.900 €**. [11, 12]

Nach der Stilllegung werden Deponien noch circa 30 Jahre instantgehalten. Die *Kosten für die Nachbereitung und Wartung* verteilen sich hauptsächlich auf die Instandhaltung der Werkssicherheit, die Deponieabdeckung und die Instandhaltung der mechanischen Systeme, die Überwachung von Brunnen und Gassonden sowie die Umweltüberwachung. Für ein Jahr liegen diese Kosten zwischen 64.964 € und 90.209 € für die gesamte Deponie, wie in Tabelle 8.6 (metrisch) und Tabelle 8.7 (angloamerikanisch) im Anhang dargestellt. Über 30 Jahre summieren sich die kompletten Nachsorge- und Wartungskosten auf **2.327.589 €**.

Um die Kosten pro Tonne Kunststoffabfall zu berechnen, werden die Gesamtkosten aller Kategorien aufsummiert und durch die auf der Deponie entsorgten Abfälle (2.200.000 t) dividiert.

Tabelle 4.4 Gesamtkosten der Deponie

Kategorie	Minimum	Maximum	Durchschnitt
Konstruktionskosten [€]	11.188.170	24.947.640	18.067.905
Betriebskosten [€]	17.847.170		
Stilllegungskosten [€]	6.946.200	9.975.600	8.460.900
Nachsorge-/Wartungskosten [€]	1.948.914	2.706.264	2.327.589
Gesamtkosten [€]	36.268.332	53.814.552	45.041.442
Gesamtkosten pro Tonne [€/t]	− 25,22	− 7,24	− 21,23

Wie in Tabelle 4.4 dargestellt, betragen die durchschnittlichen Gesamtkosten für die Deponierung von 1 t Kunststoffabfall **21,23 €**.

Der Ertrag aus der Deponierung von 1 t Kunststoffabfällen beträgt **0,00 €**. Dennoch ist es für Deponiebesitzer möglich, Einnahmen zu erzielen, indem sie CO_2-Zertifikate, Strom aus Deponiegas (LFG) an das lokale Stromnetz oder LFG an einen direkten Endverbraucher oder eine Pipeline verkaufen. Die erhaltenen Einnahmen stellen jedoch einen vernachlässigbaren Prozentsatz der Betriebskosten einer Deponie dar und werden daher auf 0,00 € festgesetzt. [9, 22]

Unter Anwendung der Gewinnvergleichsmethode wird im letzten Schritt der Gesamtertrag der Deponierung von 1 t Kunststoffabfällen berechnet.

Tabelle 4.5 Gesamtgewinn pro Tonne Kunststoffabfall für die Deponie

	Minimum	Maximum	Durchschnitt
Erträge pro Tonne [€/t]		0,00	
Kosten pro Tonne [€/t]	17,24	25,22	21,23
Gewinn pro Tonne [€/t]	- 17,24	- 25,22	- 21,23

Die Subtraktion der Kosten pro Tonne vom Umsatz pro Tonne ergibt, dass der durchschnittliche Gewinn der Deponierung von Kunststoffabfällen bei **-21,23 €** pro Tonne beträgt. Das bedeutet, dass die Deponierung absolut betrachtet nicht rentabel ist (Gewinn < 0,00 €).

Der Wert von -21,23 € pro Tonne stellt die Kosten für eine relativ große Deponie dar. Je größer die Deponie, desto geringer sind die relativen Kosten. Wäre der durchschnittliche Abfall pro Tag beispielsweise nur 450 t, die Deponie aber für 550 t pro Tag gebaut, läge der jährliche Abfall bei rund 165.000 t und nach 11 Jahren bei nur 1.815.000 t. Die Deponie müsste aufgrund der Umweltvorschriften geschlossen werden; die Gesamtkosten wären gleich und die Kosten pro Tonne wären durchschnittlich **24,82 €**.

Ein weiterer großer Kostenfaktor, der nicht in die Kalkulation einbezogen wird, sind die Kosten für die Sanierung von Deponien im Falle eines Unfalls. Da die meisten Deponien aufgrund hoher Kosten nicht nachträglich gereinigt werden, sind die Erfahrungen mit diesen Kosten vergleichsweise gering. Aber einige Beispiele können gefunden werden und erlauben es, diese Kosten zu schätzen. Im Jahr 2008 versagte beispielsweise ein Deich in der Kingston Fossil Plant der Tennessee Valley Authority. Insgesamt 5,4 Millionen yd^3 Kohleasche, die in die Flüsse Emory und Clinch geleitet wurden, zerstörten etwa 300 Hektar Land. Bis 2015 wurden etwa **1,2 Milliarden** Euro für die Sanierung des Gebietes ausgegeben, weitere werden wahrscheinlich folgen. Das ist etwa 19-mal mehr als die maximalen Kosten für die hier betrachtete Deponie. [23]

■ 4.3 Ökonomische Analyse der Verbrennung mit Energierückgewinnung

Die Gewinnanalyse der Verbrennung mit Energierückgewinnung ist im Wesentlichen in drei Kategorien unterteilt: [27]

- Investitionskosten
- Betriebs- und Wartungskosten
- Erlöse aus dem Verkauf von Wärme und Stromerzeugung

Der tatsächliche Gewinn einer Müllverbrennungsanlage hängt von einer Vielzahl von Faktoren ab, insbesondere von der Kapazität der Anlage und der Art der Energieerzeugung. Bei der hier betrachteten Anlage handelt es sich um eine Kraft-Wärme-Kopplungsanlage, die sowohl Wärme als auch Strom erzeugt. Da neue Anlagen eine erwartete Lebensdauer von 35 Jahren haben, wurde dieser Zeitraum auch hier für die betrachtete Anlage angenommen. Wie in der Deponieanalyse wird der gesamte Gewinn der Kunststoffverbrennung über die gesamte Lebensdauer der Anlage aufsummiert und durch den gesamten verbrannten Kunststoffabfall (3.500.000 t) dividiert. Die wesentlichen allgemeinen Annahmen dieser Analyse sind in Tabelle 4.6 und ausführlicher in Tabelle 8.8 im Anhang dargestellt. [28, 29]

Tabelle 4.6 Annahmen für die ökonomische Analyse für die Verbrennung mit Energierückgewinnung

Lebensdauer [Jahre]	35
Jährliche Abfallkapazität [t]	100.000
Gesamte Abfallkapazität (35 Jahre) [t]	3.500.000
Wirkungsgrad des Dampferzeugers [%]	80
Kunststoffanteil in Siedlungsabfällen [%]	11,69
Kaufkraftparitätsumrechnungsfaktor (Kroatien – Deutschland)	0,6

Die Daten für die *Investitionskosten* stammen aus einem Betrieb in Kroatien, da nur diese Daten transparent und verfügbar waren. Um diese Daten realistisch auf den gesamteuropäischen bzw. deutschen Markt zu übertragen, wurden die Investitionspreise unter Verwendung des Umrechnungsfaktors der *Kaufkraftparität (KKP)* angepasst, der die Anzahl der Einheiten der Währung eines Landes darstellt, die erforderlich ist, um in diesem Land die gleiche Menge an Waren und Dienstleistungen zu kaufen. Der KKP-Umrechnungsfaktor Kroatien/Deutschland beträgt 0,6 und wird für die Berechnungen in diesem Buch verwendet. Da Deutschland fast im europäischen Schnitt liegt (+ 3,3 % über dem Durchschnitt) sind die Zahlen auch gut auf Gesamteuropa übertragbar. [31]

Die Investitionskosten variieren erheblich in Bezug auf mehrere Faktoren, darunter die Auslegung der Anlage, ihre Kapazität sowie die lokale Infrastruktur. Der Bau einer Straße, eines Wiegebereichs und eines Abfallaufnahmelagers ist notwendig. Das Verbrennungs-Dampferzeugersystem beinhaltet ein System zur Zuführung von Abfällen in die Brennkammer, eine Luftzufuhr für die Brennkammer, eine Brennkammer, Entaschung und Lagerung, Rauchgaskanäle sowie einen Dampferzeuger mit Dampfabgabe. Das Wasser- und Dampfsystem besteht aus einer Wasseraufbereitungsanlage, einem luftgekühlten Kondensator und einer Kondensationsturbine. Die Rauchgasreinigung, die einen wichtigen Teil des gesamten Abfallverbrennungsprozesses darstellt, wird durch ein Rauchgasreinigungssystem mit einer Halbtrockenaufbereitung, einem Taschenfilter und einem selektiven nichtkatalytischen Reduktionssystem gewährleistet. Zusätzliche Investitionskosten fallen für Design, Konstruktion, elektromechanische Installationen und sonstige Ausgaben (z. B. Zertifikate) an. Zusammenfassend lässt sich sagen, dass sich die Gesamtinvestition für die betrachtete Anlage auf **113.781.924 €** beläuft, wie in Tabelle 4.7 und ausführlicher in Tabelle 8.9 im Anhang dargestellt. [29]

Tabelle 4.7 Investitionskosten der Müllverbrennungsanlage

Infrastruktur und Abfalllagerung [€]	7.666.666
Verbrennungssystem und Dampferzeuger [€]	32.500.000
Wasser- und Dampfanlage [€]	13.333.333
Entwurf [€]	3.333.333
Konstruktion [€]	11.666.666
Elektromechanische Installationen [€]	8.333.333
Sonstige Investitionskosten [€]	10.000.000
Rauchgasreinigungssystem [€]	7.000.000
Gesamte Investitionskosten [€]	93.833.333

Die *Betriebs- und Wartungskosten* sind in persönliche Gehälter, Betriebs- und Wartungskosten sowie Wärme- und Stromkosten unterteilt. Es wird ein Drei-Schicht-Betrieb des Werks angenommen. Pro Schicht werden 15 Anlagenbediener, 5 Umweltingenieure, 3 Wartungsingenieure und 1 Gebäudemanager benötigt. Die für die Berechnung verwendeten Gehälter sind Durchschnittsgehälter. Die Jahresgehälter aller Mitarbeiter belaufen sich auf 4.335.000 €. Die Wartungskosten des Verbrennungssystems sind proportional zum Abfallstrom und werden auf 3 % der gesamten Investitionskosten geschätzt. Zusätzliche jährliche Maschinen- und Emissionskosten stellen die Kosten für Prozesswasser, Erdgas, Bodenascheentsorgung und Beutelfilterrückstände dar. Die jährlichen Gesamtmaschinen- und Emissionskosten betragen 12.157.600 €. Bei einem Stromverbrauch von 0,5 MWh/t_{Abfall} zu einem Preis von 0,292 pro kWh und einem Wärmeverbrauch von 0,35 MWh/t_{Abfall} zu einem Preis von 0,64 € pro kWh betragen die jährlichen Heiz- und Stromkosten 7.927.200 €. Die Betriebs- und Wartungskosten belaufen sich auf 24.419.800 € pro Jahr und **854.693.000,00 €** nach 35 Jahren, wie in Tabelle 4.8 dargestellt. Eine detailliertere Berechnung ist in Tabelle 8.10 im Anhang enthalten. [21, 29, 32, 33]

Tabelle 4.8 Betriebs- und Wartungskosten der Müllverbrennungsanlage

Personalkosten (pro Jahr) [€]	4.335.000
Maschinen- und Emissionskosten (pro Jahr) [€]	12.157.600
Wärme- und Stromkosten (pro Jahr) [€]	7.927.200
Betriebs- und Wartungskosten (pro Jahr) [€]	24.419.800
Gesamtbetriebs- und Wartungskosten [€]	854.693.000

Die Erlöse aus der Kunststoffverbrennung stammen aus dem Verkauf des erzeugten Stroms und der erzeugten Wärme. Diese Einnahmen hängen vom durchschnittlichen unteren Heizfaktor des verbrannten Materials ab. Im Vergleich zum allgemeinen Siedlungsabfall ist der durchschnittliche untere Heizwert von Kunststoffen hoch. Basierend auf der Zusammensetzung der Kunststoffe im Siedlungsabfall aus dem Jahr 2013 (siehe consultic Bericht aus dem Jahr 2015) beträgt der untere Heizwert der Kunststoffe im Abfall **35,43 MJ/kg** (detaillierte Berechnungen sind in Tabelle 8.11 im Anhang zu finden). Der allgemeine Siedlungsabfall hat einen durchschnittlichen unteren Heizwert von nur **13,31 MJ/kg** (detaillierte Berechnungen sind in Tabelle 8.12 im Anhang zu finden). Alle für die Ertragsberechnung notwendigen Werte und Annahmen sind in Tabelle 4.9 dargestellt. [34]

Tabelle 4.9 Annahmen für die Erlösberechnung aus dem Verkauf der erzeugten Energie

Prozentualer Wärmeanteil der erzeugten Energie [%]	75
Prozentualer Stromanteil der erzeugten Energie [%]	25
Energie pro Kubikmeter in Gas [kWh/m³]	12,5
Durchschnittlich unterer Heizwert Siedlungsabfall [MJ/kg]	13,31
Durchschnittlich unterer Heizwert Kunststoff [MJ/kg]	35,43
Kosten/Erlöse pro kWh Strom [€/kWh]	0,131
Kosten/Erlöse pro Kubikmeter Gas [€/m³]	0,1236

Unter der Annahme eines Kunststoffanteils von 11,69 % im Siedlungsabfall werden jährlich 11.960 t Kunststoffabfälle (von 100.000 t) verbrannt. Theoretisch beträgt die bei der Kunststoffverbrennung erzeugte Energie somit 414.197.158 MJ pro Jahr, von denen 75 % Wärme und 25 % Strom liefern. Bei einem Dampferzeugerwirkungsgrad von 80 % beträgt die jährliche Stromerzeugung 23.010.953 kWh und die jährliche Wärmeerzeugung 69.032.860 kWh. [35]

Der durchschnittliche Ertrag für die Stromproduktion in Deutschland betrug im Januar 2016 0,131 € pro kWh. Produziert eine Abfallverbrennungsanlage 23.010.953 kWh pro Jahr, beträgt der jährliche Umsatz aus dem Verkauf von Strom aus der Kunststoffverbrennung 3.014.434 €. Bei einem Energiegehalt von 12,5 kWh pro Kubikmeter Gas würde die erzeugte Wärme 5.522.629 m^3 Gas pro Jahr produzieren. Bei einem durchschnittlichen Gaspreis von 0,64 € pro m^3 liegen die jährlichen Erlöse aus dem Verkauf von Gas aus der Kunststoffverbrennung bei 3.534.482 €. [32,33]

Eine Aufsummierung der Einnahmen aus dem Verkauf von Strom und Wärme und die anschließende Multiplikation mit der Anlagenlebensdauer von 35 Jahren ergibt einen Gesamtertrag aus der Verbrennung von Kunststoffen von **229.212.104 €**, wie in Tabelle 4.10 dargestellt.

Tabelle 4.10 Gesamterlöse aus dem Verkauf von Energie aus der Müllverbrennungsanlage

Jährliche Einnahmen aus dem Verkauf von Strom [€]	3.014.434
Jährliche Einnahmen aus dem Verkauf von Wärme [€]	3.534.482
Jahresertrag der Kunststoffabfallverbrennung [€]	6.548.916
Gesamtertrag der Kunststoffabfallverbrennung [€]	229.212.104

Um schließlich den Gewinn aus der Verbrennung von 1 t Kunststoffabfall zu berechnen, müssen die Kosten von den Einnahmen abgezogen werden. Daher werden die Investitions-, Betriebs- und Wartungskosten addiert und durch die gesamte Abfallmenge dividiert, die über die gesamte Lebensdauer der Anlage verbrannt wird (3.500.000 t). Dann werden die Gesamterlöse der Kunststoffabfallverbrennung durch die Gesamtmenge der in 35 Jahren (409.150 t) verbrannten Kunststoffe dividiert. Diese Berechnungen führen zu Kosten von 271,01 € und Erlösen von 560,22 € pro Tonne Kunststoffabfall, was zu einem Gewinn von **289,21 €** pro Tonne verbranntem Kunststoffabfall führt, wie in Tabelle 4.11 dargestellt.

Tabelle 4.11 Gewinn pro Tonne aus der Verbrennung von Kunststoffabfällen

Erträge pro Tonne verbrannter Kunststoffabfälle [€/t]	560,22
Kosten pro Tonne verbrannter Kunststoffabfälle [€/t]	271,01
Gewinn pro Tonne verbrannter Kunststoffabfälle [€/t]	289,21

Der Gewinn von **289,21 €** pro Tonne verbrannter Kunststoffabfälle ist ein absoluter Gewinn (Gewinn > 0,00 €). Wie bereits erwähnt, kann dieser Wert nur theoretisch erreicht werden. Die Berechnung setzt voraus, dass keine Kunststoffabfälle recycelt oder anderweitig behandelt wurden. Darüber hinaus würden Kunststoffabfälle in einem realen Szenario nicht getrennt von anderen Abfällen verbrannt. Aufgrund des hohen durchschnittlichen unteren Heizwertes führt die Verbrennung von Kunststoffabfällen jedoch zu einer hohen Energieproduktion und ist absolut wirtschaftlich.

Eine Verbrennung der gesamten Siedlungsabfälle unter Annahme der Zusammensetzung aus Bild 1.1 wäre hingegen nicht absolut wirtschaftlich. Siedlungsabfälle haben einen unteren Heizwert von 13,31 MJ/kg (siehe Tabelle 8.12 im Anhang). Dies führte zu einem Jahresumsatz (aus Wärme und Gas) von 18.715.813 € bzw. **655.053.492 €** nach 35 Jahren. Unter Berücksichtigung der Gesamterlöse durch die Gesamtmenge verbrannter Siedlungsabfälle über die gesamte Lebensdauer der Anlage beträgt der Erlös aus der Verbrennung von einer Tonne Müll 187,16 €.

Abzüglich der Kosten vom Umsatz beträgt der Gesamtgewinn der Siedlungsabfall-Verbrennung **–83,85 €** pro Tonne Siedlungsabfall und ist dementsprechend absolut gesehen nicht profitabel.

Tabelle 4.12 Gewinn pro Tonne aus der Verbrennung von Siedlungsabfällen

Erträge pro Tonne Siedlungsabfall [€/t]	187,16
Kosten pro Tonne Siedlungsabfall [€/t]	271,01
Gewinn pro Tonne Siedlungsabfall [€/t]	- 83,85

Ein Faktor, der nicht in die Gewinnanalyse einfließt, ist der Umbau einer Anlage: Eine neue Verbrennungsanlage könnte auf dem Gelände der bestehenden Anlage gebaut werden, was die Kapitalkosten für Grundstücke in der neuen Anlage auf Null reduziert. Dies ist ein großer wirtschaftlicher Vorteil, insbesondere im Vergleich zu Deponien, deren Flächen nach der Schließung über einen längeren Zeitraum nach der Schließung nicht wieder genutzt werden können. [36]

4.4 Ökonomische Analyse des Kunststoffrecyclings

Die dritte Möglichkeit der Kunststoffverarbeitung ist das Recycling. Bild 4.1 zeigt den Prozess des Kunststoffrecyclings, der beim Verbraucher beginnt und endet.

Nachdem Kunststoff entsorgt und innerhalb des einzelnen Recyclingstroms gesammelt wurde, sortieren Materialsortierungsanlagen (MSA) das Material in die sieben in Tabelle 3.1 aufgeführten Kunststoff-Recycling-Gruppen.

In der MSA werden Kunststoffe in drei Gruppen eingeteilt: Zunächst wird der Kunststoff Nummer 2 (PE-HD) manuell aussortiert und anschließend wird der Kunststoff Nummer 1 (Polyethylenterephthalat [PET]) mit einem automatisierten Infrarot (IR)-Detektor optisch von den Nummern 3 bis 7 getrennt. Aufgrund seiner guten Recyclingeigenschaften ist Kunststoff Nummer 1 der wertvollste und derzeit der einzige Kunststoff in den Vereinigten Staaten, der als reines Material in nennenswerten Mengen recycelt, aufbereitet und wiederverkauft wird. Folglich basiert die ökonomische Analyse des Kunststoffrecyclingprozesses in diesem Buch auf dem PET-Recycling. Zudem wird zwecks der besseren Vergleichbarkeit, wie in Kapitel 1 beschrieben, das Single-Stream Recycling als Standard angenommen.

Die ökonomische Analyse der Rentabilität des PET-Recyclings besteht aus drei Schritten, die im Folgenden analysiert werden:

- Kosten der stofflichen Verwertung in der MSA (Abschnitt 4.4.1)
- Kosten der Kunststoffaufbereitung (Abschnitt 4.4.2)
- Ertrag aus dem Verkauf von recyceltem PET (Abschnitt 4.4.3)

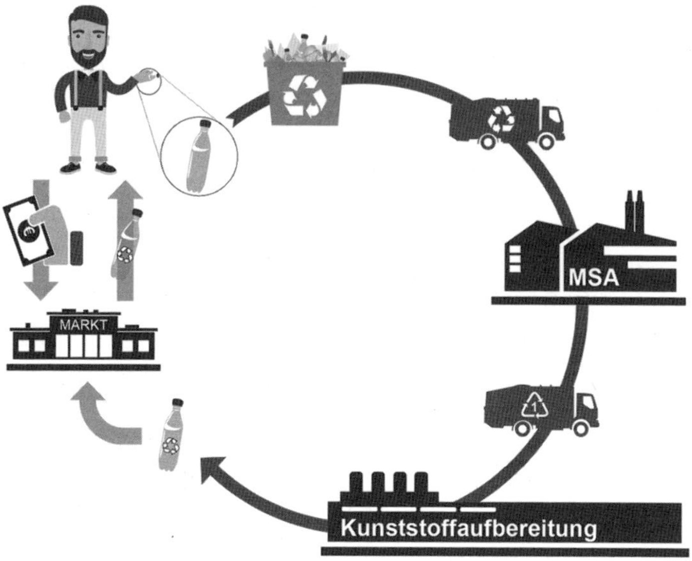

Bild 4.1 Der Kunststoff-Recyclingprozess im Überblick

4.4.1 Kosten der Materialsortierungsanlage

Kunststoffabfälle werden von Mülltransportern zusammen mit allen anderen recycelbaren Materialien wie Metall-, Papier- und Glasabfällen gesammelt und einer *Materialsortierungsanlage (MSA)* zugeführt. Eine MSA ist eine Verarbeitungsanlage, in der Abfälle sortiert und für die weitere Verarbeitung vorbereitet werden. Die Konfigurationen der MSA-Verarbeitungslinien variieren je nachdem, wie Abfälle gesammelt und bei den MSA angeliefert werden. Die vier verschiedenen Arten der Abfallsammlung sind die Multi-Stream-, die Dual-Stream- und Single-Stream-Sammlung. Aufgrund der Fortschritte bei automatisierten Verarbeitungsanlagen ist eine geringere Vorabtrennung erforderlich, weshalb zahlreiche quellengetrennte MSA durch Dual-Stream-MSA ersetzt wurden, die wiederum an einigen Stellen durch Single-Stream-MSA ersetzt werden. Aus diesem Grund wird in diesem Buch eine halbautomatische MSA für das Single-Stream-Recycling und die Analyse des Kunststoffrecyclings betrachtet. Ein Flussdiagramm des Prozesses ist in Bild 4.2 dargestellt. Die durchgezogenen Linien stellen den Fluss des PET dar. [37]

Bei der Ankunft in der MSA entladen die LKWs recycelbare Abfälle auf den Abkippboden, wo das Material bis zur Verarbeitung gelagert wird. In der Regel ist der Abkippboden so bemessen, dass er mindestens zwei Tage eingehenden Abfall aufnehmen kann, um einen Puffer gegen ungeplante Anlagenstillstände zu schaffen und ausreichend Material für den MSA während einer Sonderschicht bereitzustellen. Der abgelagerte Abfall wird von einem Lader gegriffen, um ein *Dosiersystem* zu befüllen, was dazu dient, einen konstanten Durchfluss zu erzeugen. Diese konstante Vorschubgeschwindigkeit verhindert Schwankungen, ermöglicht eine effizientere manuelle Sortierung im Vorsortierbereich und maximiert die Effizienz der automatisierten Anlagen, die später in der Verarbeitungslinie anzutreffen sind. Bei der manuellen Vorsortierung werden große Verunreinigungen, sperrige Wertstoffe und Gegenstände, die nachgeschaltete Sortieranlagen beschädigen oder eine Gefahr für das Personal darstellen könnten, entfernt. [37, 38]

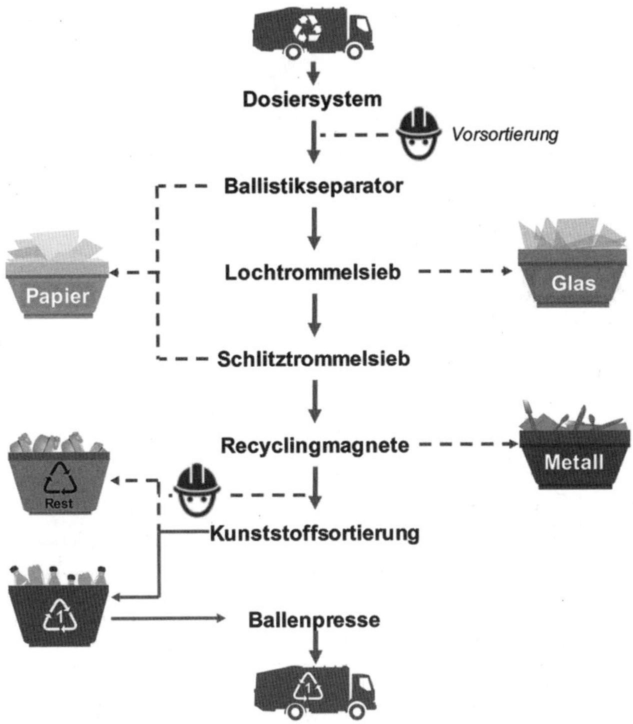

Bild 4.2 Schema der Materialsortierungsanlage (MSA)

Verlässt das Material die Vorsortierstation, wird es an die nächste Maschine, den so genannten *Balistikseparator* übergeben. Dieser besteht aus mehreren rotierenden sternförmigen Scheiben, die Wellpappe durch Größe und Dimension von den restlichen Materialien trennen. Alle anderen Materialien fallen durch die Scheiben auf das nächste Sieb, das *Lochtrommelsieb*, das als Glasbrecher fungiert. Es zerbricht Glas in quadergroße Stücke, die dann durch das Lochtrommelsieb fallen und in den Glasanhänger zum Transport zu einem Glasrecycler transportiert werden. [37, 38]

Nach der Beseitigung von Wellpappe und Glas wird der Restabfall zu einem *Zeitungspapiersieb* geleitet, das nach dem gleichen Konzept wie der Balistikseparator arbeitet. Der Unterschied zwischen diesen Sieben liegt im Abstand zwischen den Scheiben. Die Scheiben des Zeitungssiebes sind enger beieinander, so dass das Zeitungsmaterial auf den Scheiben bleibt und die kleineren Materialien durchfallen. Das *Schlitztrommelsieb* verfügt über noch engere Scheiben, die den verbleibenden Papierabfall von anderen Materialien trennen. [37, 38]

Wellpappe, Zeitungen und andere Papiermaterialien werden schließlich zu einer Papierplattform geleitet, wo der Papierabfall manuell überprüft wird und Verunreinigungen, die beim Durchlaufen der drei Papiersiebe fälschlicherweise als Papier erkannt wurden, aus dem Papierabfall entfernt werden. Anschließend wird auch das Papier an einen Papierrecycler geschickt. [37, 38]

Ein zweites System, ein so genannter *Wirbelstrom-Separator*, induziert einen elektrischen Strom in leitenden Metallen wie Aluminium. Dies wiederum induziert ein Magnetfeld in diesen Materialien, wodurch diese aus dem Abfallstrom entfernt werden. [37, 38]

Die einzigen im System verbleibenden Materialien sind die Kunststoffe mit den Nummern 1 bis 7 (Tabelle 3.1). In einem ersten Schritt wird der Kunststoff Nummer 2 (PE-HD) manuell entnommen (siehe Abschnitt 3.3.1 - Manuelle Sortierung). Anschließend werden die Kunststoffreste durch einen *optischen Sortierer* separiert (siehe Abschnitt 3.3.3.2. - Nahinfrarot-Sortierung). Diese Maschine schießt einen Lichtstrahl in den Kunststoff und analysiert, wie das Licht reflektiert wird, um festzustellen, ob es sich bei dem Gegenstand um einen Kunststoff der Nummer 1 (PET) oder der Nummern 3 bis 7 handelt. Das optische System schießt einen kontrollierten Luftstoß auf das jeweilige Objekt, der es entweder auf den Speicher für Kunststoffe der Nummer 1 oder der Nummern 3 bis 7 lenkt. Nicht-Kunststoffe erhalten keinen Luftschuss und fallen auf das Restförderband, das im Abfall endet. [37, 38]

Sortiertes PET wird dann in einem separaten Materialbunker zwischengelagert, bis das lose Material von einer *Ballenpresse* zu einem großen, blockartigen Ballen verdichtet wird, um das Material für den Versand an einen Kunststoffverarbeiter vorzubereiten. [37, 38]

Die Kosten des MSA-Prozesses werden in zwei Kategorien unterteilt: Investitions- und Betriebskosten. Wie bei der Deponierung und den Abfallverbrennungsanlagen werden zunächst alle Kosten über die gesamte Lebensdauer der Anlage zusammengefasst und anschließend in Kosten pro Tonne verarbeiteter Kunststoffabfälle umgewandelt. Die Annahmen für die wirtschaftliche Analyse sind in Tabelle 4.13 und ausführlicher in Tabelle 4.13 und Tabelle 8.13 im Anhang dargestellt. [39, 40]

Tabelle 4.13 Annahmen für die wirtschaftliche Analyse der Materialsortierungsanlage

Lebensdauer [Jahre]	20
Jährliche Arbeitsstunden [h]	4.160
Abfallmenge pro Stunde [t]	30
Jährliche Abfallmenge [t]	120.000
Gesamtabfallmenge (10 Jahre) [t]	2.400.000
Rückstandsquote [%]	2
Korrektheit der manuellen Sortierung [%]	95

Da das Werk 52 Wochen im Jahr, fünf Tage pro Woche in zwei Schichten mit einer effektiven Arbeitszeit von acht Stunden pro Schicht arbeitet, ergibt sich eine Jahresarbeitszeit von 4.160 Stunden. Da 30 Tonnen pro Stunde umgeschlagen werden (begrenzt durch die Kapazität des Dosierbehälters), werden pro Jahr rund 120.000 Tonnen Abfall umgeschlagen, was nach 10 Jahren zu einem Gesamtabfall von 2.400.000 Tonnen Abfall führt. [40]

Die Investitionskosten für die MSA werden in Gebäude- und Standortkosten, Maschinen- und Anlagenkosten aufgeteilt. Für ein 7.500 m^2 großes Gebiet betragen die Initialkosten für Land und Baustellenarbeiten 1.395.000 € und die Gebäudekosten für das Waagenhaus und das MSA-Gebäude 9.200.000 €. Die Bau-, Planungs- und Vermessungskosten betragen 3.500.000 €, so dass sich die Gesamtinvestitionskosten für die Gebäude und das Gelände auf 14.095.000 € belaufen. Die Investitionskosten aller Maschinen für die MSA (Bild 4.2) betragen 1.763.000 €. Weitere Ausstattungen sind Förderer, Fahrzeuge (z. B. Frontlader und Gabelstapler) und Sammelwagen, deren Kosten sich auf 1.400.000 € belaufen. Die Gesamtinvestitionskosten einer MSA sind entsprechend **17.258.000 €**, wie in Tabelle 4.14 und ausführlicher in Tabelle 8.14 im Anhang dargestellt. [39, 40, 41]

Tabelle 4.14 Gesamtinvestitionskosten der Materialsortierungsanlage

Gebäude- und Standortinvestitionskosten [€]	14.095.000
Kosten für Maschineninvestitionen [€]	1.763.000
Investitionskosten für zusätzliche Anlagen [€]	1.400.000
Gesamtinvestitionskosten [€]	17.258.000

Die Betriebs- und Wartungskosten der MSA werden in sieben verschiedene Kategorien eingeteilt. Die jährlichen Betriebs- und Wartungskosten betragen 7.469.547 €, sodass sich Gesamtbetriebs- und Wartungskosten nach 20 Jahren von **149.390.944 €** ergeben, wie in Tabelle 4.15 und ausführlicher in Tabelle 8.15 im Anhang dargestellt.

Tabelle 4.15 Gesamtbetriebs- und Wartungskosten der Materialsortierungsanlage

Personalkosten pro Jahr [€]	2.550.000
Betriebskosten pro Jahr [€]	343.000
Maschinenkosten pro Jahr [€]	235.344
Förderbänderkosten pro Jahr [€]	16.802
Intralogistikkosten pro Jahr [€]	1.528.400
Rückstandskosten pro Jahr [€]	96.000
Transport- und Sammlungskosten [€]	2.700.000
Jährliche Betriebs- und Wartungskosten [€]	7.469.547
Gesamtbetriebs- und Wartungskosten [€]	149.390.944

Den größten Anteil des Personals bilden die Sortierer für die Vorsortierung, die manuelle PE-HD-Sortierung und die Qualitätskontrolle. Eine detaillierte Aufschlüsselung des Personals ist in Tabelle 8.15 im Anhang enthalten. Die Jahresgehälter betragen 2.550.000 €. Die für die Berechnung verwendeten Gehälter sind durchschnittliche Brutto-Jahresgehälter. [18, 19, 20, 21, 41]

Die Betriebskosten umfassen Verbrauchsmaterialien, Versicherungen, Verwaltung und Binden von Draht und belaufen sich jährlich auf 343.000 €. Die Betriebs- und Wartungskosten von Maschinen und Förderanlagen beinhalten die jährliche Wartung und den Stromverbrauch (0,2920 € pro kWh) und summieren sich auf 252.146 €. Der Fuhrpark hat einen hohen Dieselverbrauch, so dass die jährlichen Kosten 1.528.400 € betragen. Unter der Annahme, dass 2 % der Abfälle Rückstände sind und Kosten für die Beseitigung der Rückstände anfallen, betragen die jährlichen Kosten für Rückstände 96.000 €. Der größte Teil der Betriebs- und Wartungskosten entfällt auf den Transport und die Abholung: Bei angenommenen Transport- und Abholkosten von durchschnittlich 22,50 € pro Tonne betragen die jährlichen Kosten für 120.000 t Kunststoffabfall 2.700.000 €. [34, 42]

Zusammengefasst ergeben die Investitionskosten und die Gesamtbetriebs- und Wartungskosten für die MSA von **166.648.944 €** oder 69,44 € pro Tonne Kunststoffabfall (Tabelle 4.16).

Tabelle 4.16 Gesamtkosten der Materialsortierungsanlage

Investitionskosten [€]	17.258.000
Betriebs- und Wartungskosten [€]	149.390.944
Gesamtkosten (20 Jahre – 2.300.000 t) [€]	166.648.944
Kosten pro Tonne Kunststoffabfall [€/t]	69,44

4.4.2 Kosten der Kunststoffaufbereitung

Nachdem das PET in der MSA gepresst wurde, werden die Ballen zu einer *Kunststoffaufbereitungsanlage* transportiert, wo sie weiterverarbeitet werden, wie in Bild 4.3 schematisch dargestellt.

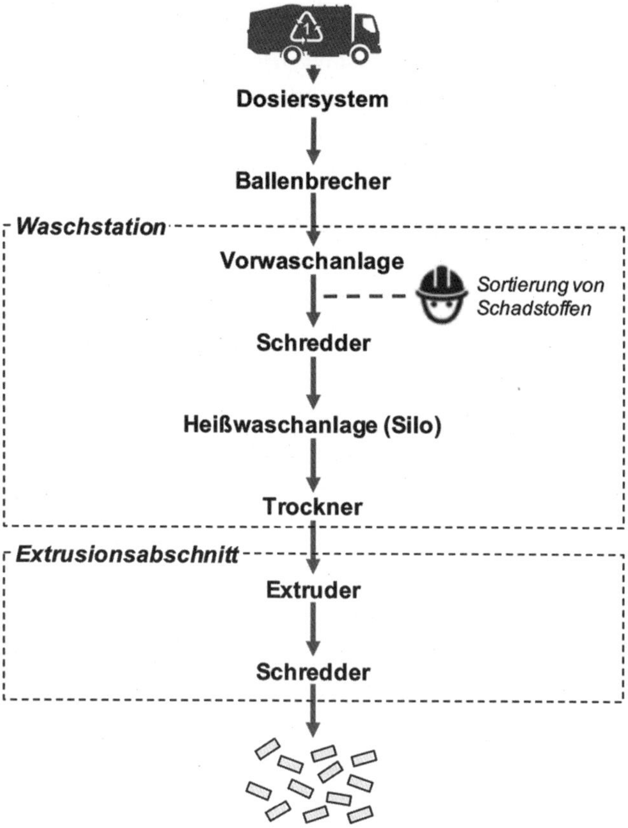

Bild 4.3 Schematische Darstellung der Kunststoffaufbereitungsanlage

Vom Kippboden aus werden PET-Ballen von einem Lader gegriffen und in ein Dosiersystem gelegt, das den Kunststoffabfall kontinuierlich in einen Ballenbrecher einspeist. Der Ballenbrecher zerlegt die PET-Ballen in einzelne frei fließende Gegenstände (z. B. Lebensmittelbehälter und Flaschen). [43, 44]

Die einzelnen Artikel werden einer Waschstation zugeführt. Nach einer kurzen Vorwäsche zur Entfernung von Etiketten und Schmutz von der Außenseite der Artikel und einer manuellen Handsortierung von Schadstoffen werden die PET-Gegenstände von einem Nassgranulierer zu Granulat zerkleinert. Die zerkleinerten Stücke werden zur Heißwäsche in ein Silo transportiert, das den übrigen Schmutz und Klebstoff entfernt. In einem letzten Schritt an der Waschstation werden die gereinigten Granulatflocken getrocknet. [43, 44]

Die getrockneten Flocken werden zu einer Extrusionsanlage geleitet, die diese einschmilzt, vakuumentgast und sie schließlich zu lebensmitteltauglichen natürlichen PET-Pellets mahlt. Diese werden in großen Säcken gelagert und sind bereit, für die Herstellung neuer Produkte verwendet zu werden. [43, 44]

Wie beim MSA-Prozess werden die Kosten des PET-Prozesses in zwei Kategorien unterteilt: Investitionskosten und Betriebskosten. Beide Kostenarten werden über die Lebensdauer der Fabrik zusammengefasst und anschließend durch die über die Lebensdauer der Fabrik verarbeiteten Tonnen dividiert, um die Kosten pro Tonne Kunststoffabfall zu ermitteln. Die Annahmen für die ökonomische Analyse sind in Tabelle 4.17 sowie Tabelle 8.16 im Anhang dargestellt.

Tabelle 4.17 Annahmen für die Wirtschaftlichkeitsanalyse der Kunststoffaufbereitungsanlage

Lebensdauer [Jahre]	20
Jährliche Arbeitsstunden [h]	6.240
Jährliche PET-Kapazität [t]	15.000
Gesamtabfallkapazität (20 Jahre) [t]	300.000
Trenneffizienz [%]	91
Umrechnungskurs Euro zu Britischem Pfund [€/£]	1,10

Die *Investitionskosten* umfassen die Kosten für Gebäude und Gelände, Maschinen und zusätzliche Anlagen. Da ein Teil der Investitionskosten aus dem Vereinigten Königreich stammt, wurde für die Berechnungen ein Wechselkurs von 1,10 €/£ (Stand 28. August 2018) zugrunde gelegt. Einschließlich der Kosten für Planung und Projektmanagement, Tiefbau, Land und Baustellenarbeiten belaufen sich die Bauinvestitionen auf 3.420.000 €. Die Kosten für Dosiersystem, Ballenbrecher, Waschstation und PET-Extrusionsabteilung betragen 19.477.700 €. Diese Kosten umfassen Förderbänder und Installationskosten. Für Zusatzgeräte werden weitere Kosten in Höhe von 150.000 € fällig. Insgesamt betragen die Investitionskosten für die PET-Aufbereitungsanlage **23.047.700 €**, wie in Tabelle 4.18 (und ausführlicher in Tabelle 8.17 im Anhang) dargestellt. [43, 44]

Tabelle 4.18 Gesamtinvestitionskosten der Kunststoffaufbereitungsanlage

Gebäude- und Standortinvestitionskosten [€]	3.420.000
Maschineninvestitionskosten [€]	19.477.700
Zusätzliche Investitionskosten für die Ausstattung [€]	150.000
Gesamtinvestitionskosten [€]	23.047.700

Die *Betriebs- und Wartungskosten* umfassen die Personalgehälter, die Instandhaltung, den Maschinenbetrieb und die Betriebskosten der Fahrzeuge. Unter der Annahme, dass die Fabrik 52 Wochen im Jahr, fünf Tage pro Woche in drei Schichten mit einer effektiven Arbeitszeit von acht Stunden pro Schicht arbeitet, beträgt die jährliche Arbeitszeit 6.240 Stunden und führt zu einem Personalgehalt von 2.193.290 € pro Jahr, das hauptsächlich für Sortierer bestimmt ist. Die Instandhaltungskosten der Maschinen werden als 5 % der Investitionskosten angenommen und betragen somit 1.292.611 €. Die Betriebskosten werden durch den Energie- und Wasserverbrauch insbesondere beim Waschen und Extrudieren verursacht, die einen hohen Energieverbrauch haben und zu Betriebskosten von 2.998.184 € pro Jahr führen. Die Kosten für die Intralogistik betragen 190,425 € pro Jahr. Diese vier Bereiche führen zu Gesamtbetriebs- und Wartungskosten von **6.355.784 €** pro Jahr, also **127.115.685 €** nach 20 Jahren, wie in Tabelle 4.19 dargestellt. Detaillierte Berechnungen der Betriebs- und Wartungskosten sind in Tabelle 8.18 im Anhang enthalten. [43, 44]

Tabelle 4.19 Gesamtbetriebs- und Wartungskosten der Kunststoffaufbereitungsanlage

Personalkosten pro Jahr [€]	2.193.290
Maschinenwartungskosten pro Jahr [€]	973.885
Maschinenbetriebskosten pro Jahr [€]	2.998.184
Intralogistikkosten pro Jahr [€]	190.425
Jährliche Betriebs- und Wartungskosten [€]	6.355.784
Betriebs- und Wartungskosten insgesamt [€]	127.115.685

Zusammenfassend lässt sich sagen, dass die Verarbeitung von 300.000 Tonnen PET in 20 Jahren **150.163.385 Euro** oder **500,54 Euro** pro Tonne PET kostete, wie in Tabelle 4.20 dargestellt. Da nur 10,95 % der Kunststoffabfälle aus PET bestehen, betragen die Kosten für die Kunststoffverarbeitung von 1 t Kunststoffabfällen **54,81 €**.

Tabelle 4.20 Gesamtkosten der Kunststoffaufbereitungsanlage

Investitionskosten [€]	23.047.700
Betriebs- und Wartungskosten [€]	127.115.685
Gesamtkosten (20 Jahre; 300.000 t) [€]	150.163.385
Kosten pro Tonne PET [€/t]	500,54
Kosten pro Tonne Kunststoffabfall (10,95 % PET) [€/t]	54,81

4.4.3 Erlöse aus dem Verkauf von recycelten Kunststoffen

Die Einnahmen aus dem PET-Recyclingprozess stammen aus dem Verkauf der produzierten PET-Pellets an Unternehmen, die neue PET-Produkte für verschiedene Anwendungen herstellen, wie z.B. kohlensäurehaltige Getränkeflaschen (Blasformen), Lebensmittelbehälter (Thermoformen) oder Fasern (Spinnen).

Im August 2018 lag der Marktpreis für 1 kg PET-Pellets in Deutschland bei durchschnittlich 0,43 €. [45]

Bei der Berechnung des Ertrags des Kunststoffrecyclings ist zu beachten, dass nur 10,95 % der Kunststoffabfälle PET sind, so dass nur diese 10,95 % von 1 t Kunststoffabfällen im besten Fall recycelt werden, d.h. 109,5 kg von 1 t. Darüber hinaus sind die Wirkungsgrade der optischen Sortierung bei der Materialrückgewinnung und der manuellen Sortierung bei der PET-Verarbeitung zu berücksichtigen. [43]

Bei einem Durchschnittspreis von 0,48 €/kg für recyceltes PET betragen die Einnahmen aus dem Recycling von 1 t Kunststoffabfällen 44,53 €, wie in Tabelle 4.21 dargestellt.

Tabelle 4.21 Einnahmen aus dem Recycling pro Tonne PET-Kunststoffabfall

Menge von PET in Kunststoffabfällen [kg]	109,50
Trenneffizienz MSA Sortierung [%]	93,10
Trenneffizienz PET-Sortierung [%]	91,00
Preis von recyceltem PET [€/kg]	0,48
Gesamtumsatz durch PET-Recycling [€]	44,53

Neben PET werden kleinere Mengen anderer Kunststoffe recycelt. Derzeit erzielen diese anderen Kunststoffe aufgrund fehlender Wiederaufbereitungsverfahren nahezu keine Umsätze und werden deshalb in andere Länder verkauft und dort teilweise verbrannt oder deponiert. Daher werden ihre Einnahmen in dieser Analyse nicht berücksichtigt.

4.4.4 Rentabilität

Um die Rentabilität zu berechnen, müssen schließlich die Gesamtkosten pro Tonne Abfall von den Einnahmen abgezogen werden.

Die Kosten für die MSA- und PET-Verarbeitung belaufen sich auf 124,25 € pro Tonne Kunststoffabfall, und die Einnahmen aus dem Recycling von 1 Tonne Kunststoffabfall betragen 44,53 €. Der absolute Gewinn aus der Verwertung von 1 t Kunststoffabfall beträgt somit **–79,72 €** (siehe Tabelle 4.22).

Tabelle 4.22 Gewinn aus der Verwertung pro Tonne PET-Kunststoffabfall

Einnahmen pro Tonne Kunststoffabfall [€/t]	44,53
Kosten pro Tonne Kunststoffabfall [€/t]	124,25
Gewinn pro Tonne PET-Kunststoffabfall [€/t]	- 79,72

Da der Gewinn negativ ist, ist das Recycling von Kunststoffabfällen nicht absolut profitabel. Um einen absoluten Gewinn zu erzielen, müsste der Break-Even-Preis für recyceltes PET bei **1,34 €/kg** statt 0,48 €/kg liegen.

Diese Rentabilität hängt in hohem Maße von den Verbrauchern ab. Wenn Kunststoffabfälle nicht im Recycling-Müll entsorgt werden, landen sie nicht in der MSA und werden daher überhaupt nicht wiederverwertet. In dieser Analyse wurde davon ausgegangen, dass alle Abfälle ordnungsgemäß entsorgt wurden.

4.4.5 Der Ölpreis als Faktor für die Rentabilität des Kunststoffrecyclings

Öl ist der wichtigste Rohstoff für Kunststoffe. Wie bereits erwähnt, benötigt 1 kg Kunststoff etwa 2 kg Rohöl (einschließlich Verarbeitung und Rohstoffe für Kunststoffe). Aus diesem Grund hat der Ölpreis einen großen Einfluss auf den Kunststoffpreis und die Wirtschaftlichkeit des gesamten Kunststoffrecyclingprozesses. Je niedriger der Ölpreis, desto niedriger der Preis für den recycelten Kunststoff, desto unrentabler wird der Recyclingprozess. Darüber hinaus senkt ein niedrigerer Ölpreis die Kosten für die Herstellung neuer oder reiner Kunststoffe, was eine weitere Herausforderung für das Kunststoffrecycling darstellt.

Ein Beispiel: In den Jahren 2015 und 2016 reduzierten die niedrigen globalen Ölpreise die Rentabilität des Kunststoffrecyclings deutlich. In Newark (USA) beispielsweise sank der Wert für einen Ballen recycelten Kunststoff von 230 € auf 112 €. Eine der Folgen war, dass Infinitus Energy, das gerade ein 35 Millionen Dollar teures Recyclingzentrum in Montgomery, Alabama, im Jahr 2014 eröffnet hatte, diese Anlage im Oktober 2014 stilllegte, da sie nur Verluste aufwies. [46]

Bild 4.4 zeigt die Preisänderung von einer Tonne PET-Regranulat im Vergleich zu einem Liter Öl. Zum besseren Vergleich der verschiedenen Jahre wurden die Preise auf der Grundlage der Preise vom Oktober 2008 (sowohl von PET als auch von Öl) inflationsbereinigt. [47, 48, 49]

Bild 4.4 zeigt, dass der PET-Preis den Ölpreisveränderungen folgt, da die Spitzen der Preiskurve für PET-Granulat um etwa einen Monat hinter den Spitzen der Preiskurve für Öl liegen. Dies ist insbesondere im November 2009, Oktober 2010, November 2014 und August 2015 zu beobachten.

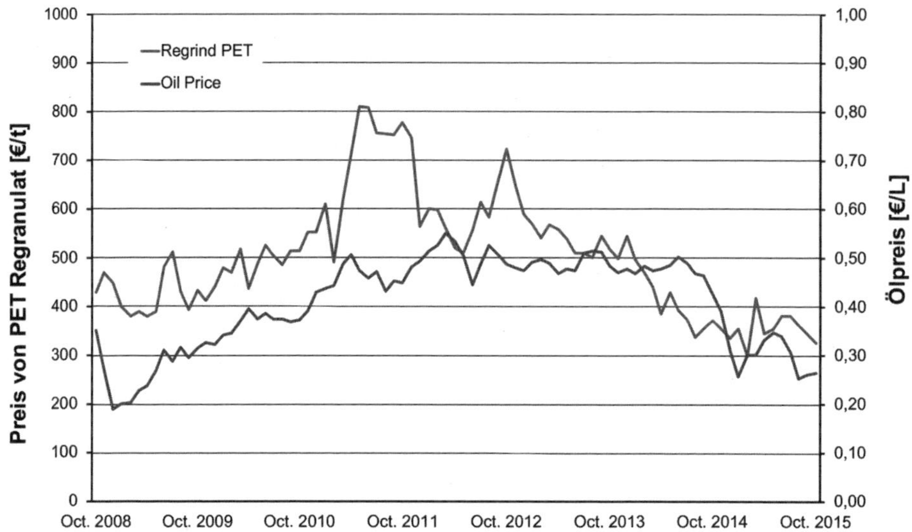

Bild 4.4 Öl- (1 Liter) und PET-Preise (1 t Granulat) zwischen Oktober 2008 und Oktober 2015 (inflationsbereinigt)

Um die Preiskorrelationen zwischen PET und Öl zu analysieren, ist der *Pearson-Produkt-Moment-Korrelationskoeffizient* $r_{x,y}$ hilfreich, der ein Maß für den Grad der linearen Abhängigkeit zwischen zwei Variablen ist. Die Berechnung für $r_{x,y}$ ist in Formel 4.1 angegeben.

$$r_{x,y} = \frac{\text{cov}(x,y)}{\sigma_x \sigma_y} = \frac{\sum_{k=1}^{n}(x_k-\bar{x})(y_k-\bar{y})}{\sqrt{\left(\sum_{k=1}^{n}(x_k-\bar{x})^2\right)\left(\sum_{k=1}^{n}(y_k-\bar{y})^2\right)}} \tag{4.1}$$

Der Korrelationskoeffizient reicht von $r_{x,y}$ [-1,1]. Ein Korrelationskoeffizient $r_{x,y}$ von 1 impliziert eine perfekte Übereinstimmung zwischen x und y (eine positive Korrelation). Ein Wert von -1 impliziert eine perfekte gegensätzliche Beziehung zwischen x und y (eine negative Korrelation). Ein Wert von 0 impliziert keine Korrelation zwischen den Variablen. [50] Der Zusammenhang zwischen den beiden Preisen ist in Bild 4.5 grafisch dargestellt.

Für inflationsbereinigte Preise beträgt der Korrelationskoeffizient 0,54. Dieser Wert spiegelt die in Bild 4.4 und Bild 4.5 dargestellten Ergebnisse wider: Die Preise für PET und Öl weisen eine positive, aber nicht vollkommen lineare Korrelation auf.

Dies zeigt aber auch, dass der Ölpreis nur ein Faktor ist, der das Recycling beeinflusst. Generell ist – wie bei jedem Produkt – die Nachfrage nach dem Granulat ein wichtiger Aspekt. Diese hat insbesondere aufgrund des Importverbotes von Kunststoffabfällen in China drastisch abgenommen, was sich auch in einer Senkung der Kunststoffpreise generell zeigt.

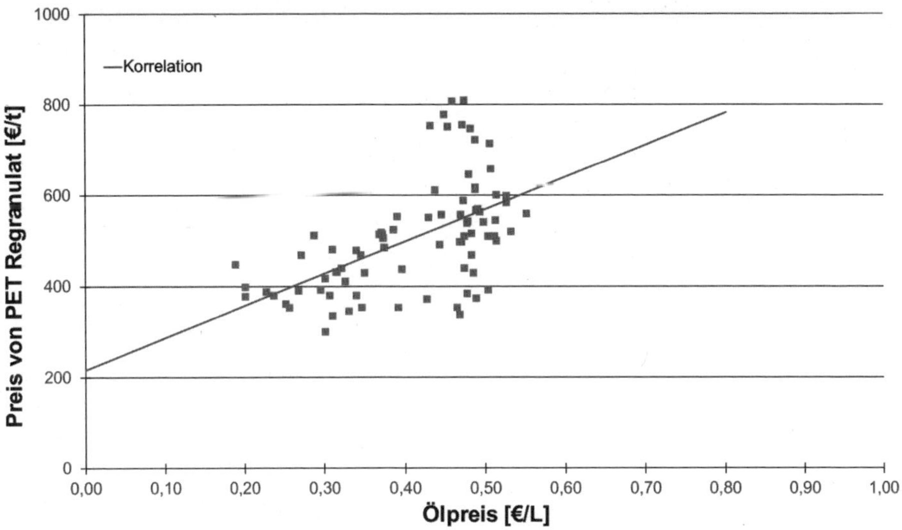

Bild 4.5 Korrelation zwischen PET-Preis (pro Tonne) und Ölpreis (pro Liter)

■ 4.5 Fazit: Wirtschaftlichkeit des Kunststoffrecyclings

In der Wirtschaftlichkeitsanalyse, die mit der statischen Gewinnvergleichsmethode durchgeführt wurde, wurde der Gewinn im Umgang mit Kunststoffabfällen für drei verschiedene Verfahren analysiert. Die Gewinne der drei Abfallbehandlungsverfahren für eine Tonne Kunststoffabfall sind in Bild 4.6 zusammengefasst. Diese Zahlen gehen von einem idealen Umgang mit Kunststoffabfällen aus, d.h. alle Abfälle werden ordnungsgemäß entsorgt, sodass die Kunststoffabfallzusammensetzung mit der im Jahr 2013 in Siedlungsabfällen gefundenen Zusammensetzung übereinstimmt.

Die Verbrennung mit Energierückgewinnung ist die einzige Bearbeitungsmethode mit absoluter Rentabilität (Gewinn > 0,00 €) und damit auch relativ profitabel. Dies gilt jedoch nur bei der reinen Kunststoffverbrennung und nicht bei der Verbrennung anderer Materialien, was eigentlich eine theoretische Annahme ist. Wie bereits in dieser Analyse erwähnt, hängen die Zahlen stark von der Größe und Jahreskapazität der Anlagen ab. Je größer die Anlage, desto geringer die Kosten und desto höher der Gewinn. In Zukunft werden die Kosten für die Deponierung aufgrund fehlender Flächenverfügbarkeit voraussichtlich steigen, so dass die Rentabilität weiter sinken wird.

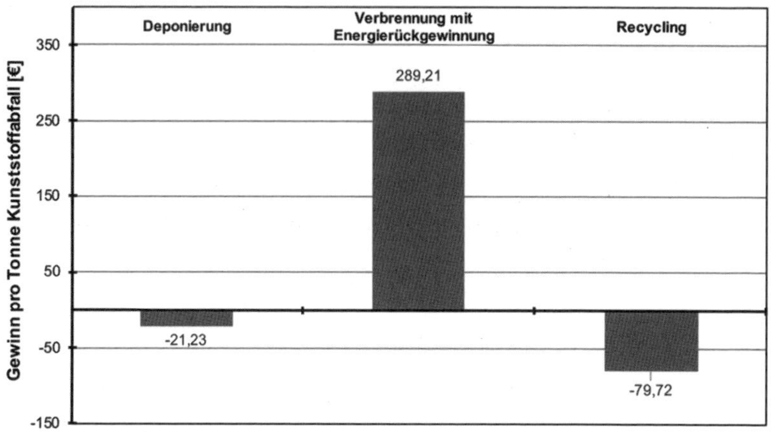

Bild 4.6 Rentabilität des Recyclings von einer Tonne Kunststoff für drei verschiedene Abfallbehandlungsverfahren

Die Wirtschaftlichkeit des Kunststoffrecyclings hängt von zwei Faktoren ab, die vom Werk nicht beeinflusst werden können: (1) dem Ölpreis und (2) der Kunststoff-Recyclingquote der Verbraucher, welche wiederum davon abhängt, ob die Verbraucher ihre Abfälle ordnungsgemäß recyceln, so dass alle Kunststoffabfälle zu den Verwertungsfabriken gelangen, die recycelt werden sollen.

Literatur zu Kapitel 4

[1] BWL Institut Basel. *Investitionsrechnung.* Basel, Schweiz. 2013.

[2] Shim, J. K., and Siegel, J. G. *Budgeting Basics and Beyond,* 3. Edition. John Wiley & Sons, Hoboken, NJ. 2009.

[3] Götze, U, Northcott, D., and Schuster, P. *Investment Appraisal: Methods and Models,* 2. Edition. Springer-Verlag, Berlin. 2015.

[4] Enseling, A. *Leitfaden zur Beurteilung der Wirtschaftlichkeit von Energiesparinvestitionen im Gebäudebestand.* URL: http://www.iwu.de/fileadmin/user_upload/dateien/energie/klima_altbau/leitfaden_wirtschaftlichkeit.pdf [Stand: 18.08.2019]

[5] Bradu, M. *Statistical-financial valuation methods of the investment projects.* Theoretical and Applied Economics Review. 508. Ausgabe, S. 49–52, 2007.

[6] Hering, E. *Investitions- und Wirtschaftlichkeitsrechnung für Ingenieure.* Springer Fachmedien Wiesbaden. 2014.

[7] Leeman, R. *Methoden der Wirtschaftlichkeitsanalyse von Energiesystemen.* Bundesamt für Konjunkturfragen (BfK), Impulsprogramme RAVEL, Bern. 1992.

[8] Rat der Europäischen Gemeinschaft. *Abfalldeponien (Richtlinie 1999/31/EG).* Brüssel, Belgien. 1999.

[9] United States Environmental Protection Agency (EPA). *Regulatory impact analysis for the proposed revisions to the emission guidelines for existing sources and supplemental proposed new source performance standards in the municipal solid waste landfills sector.* Washington, D. C. 2015.

[10] United States Environmental Protection Agency (EPA). *Municipal Solid Waste Landfills–Economic Impact Analysis for the Proposed New Subpart to the New Source Performance Standards.* Washington, D. C. 2014.

[11] Duffy, D. P. Landfill Economics, Part II: Getting down to business. *MSW Management.* July/August 2005.

[12] Duffy, D. P. Landfill Economics, Part III: Closing up shop. *MSW Management.* September/October 2005.

[13] Duffy, D. P. Landfill Economics, Part I: Siting. *MSW Management.* vol. 15, issue 3, p. 118, May/June 2005.

[14] Caterpillar. *Specalog for 950H/962H–Wheel Loaders.* 2016.

[15] Caterpillar. *Specalog for 826G Series II–Landfill Compactor.* 2016.

[16] Caterpillar. *Specalog for D7R–Track-Type Tractor.* 2016.

[17] Eilrich, F. E., Doeksen G. A., and Van Fleet, H. *An Economic Analysis of Landfill Costs to Demonstrate the Economies of Size and Determine the Feasibility of a Community Owned Landfill in Rural Oklahoma.* Paper presented at the Southern Agricultural Economics Association, Mobile, AL, February 1–5, 2003.

[18] Glassdoor. *Waste Management Scale Attendant Salaries.* URL: https://www.glassdoor.com/Salary/Waste-Management-SCALE-ATTENDANT-Salaries-E2094_D_KO17,32.htm [Stand: 18.08.2019]

[19] Salary.com. *Facility Manager Salaries.* URL: http://www1.salary.com/Facilities-Manager-Salary.html [Stand: 18.08.2019]

[20] Salary.com. *Heavy Equipment Operator Salaries.* URL: http://www1.salary.com/Heavy-Equipment-Operator-Salaries.html [Stand: 18.08.2019]

[21] Salary.com. *General Laborer Salaries.* URL: http://www1.salary.com/General-Laborer-Salary.html [Stand: 18.08.2019]

[22] National Solid Wastes Management Association. *Modern Landfills: A Far Cry from the Past.* Washington, D. C. 2008.

[23] Gang, D. W. USA Today. *5 years after coal-ash spill, little has changed.* URL: http://www.usatoday.com/story/news/nation/2013/12/22/coal-ash-spill/4143995/ [Stand: 18.08.2019]

[26] Michaels, T. *The 2014 ERC Directory of Waste-to-Energy Facilities.* Energy Recovery Council, Arlington, VA. 2014.

[27] Cekirge, H. M., Ouda, O. K. M., and Elhassan, A. Economic analysis of solid waste treatment plants using pyrolisis. *American Journal of Energy Engineering.* 3. Auflage, S. 11–15, 2015.

[28] ICF International. *Economic Analysis of New Waste-to-Energy Facility in Metro Vancouver.* Paper prepared for Belkorp Environmental Services, Inc. 2014.

[29] Schneider, D. R., Lončar, D., and Bogdan, Ž. Cost analysis of waste-to-energy plant. *Strojarstvo.* vol. 52, pp. 369–378, 2010.

[30] USforex. *Yearly Average Rates.* Access Date: 2016/04/13. Available: http://www.usforex.com/forex-tools/historical-rate-tools/yearly-average-rates

[31] Statistisches Bundesamt (Destatis). *Kaufkraftparitäten und vergleichende Preisniveaus 2016 in Europa.* 2018.

[32] Heidjann, J. *Stromkosten - Was kostet Strom?* URL: https://www.stromauskunft.de/strompreise/was-kostet-strom/ [Stand: 25.08.2019]

[33] durchblicker.at. *Gaspreis pro Kubikmeter.* URL: https://durchblicker.at/umrechnung-gas-m3-in-kwh [Stand: 25.08.2019]

[34] Consultic Marketing & Industrieberatung GmbH. *Analyse & Beschreibung der derzeitigen Situation der stofflichen und energetischen Verwertung von Kunststoffabfällen in Deutschland - Endbericht.* Alzenau. 2015.

[35] Rand, T., Haukohl, J., and Marxen, U. *Municipal Solid Waste Incineration*: A *Decision Makers' Guide.* The World Bank, Washington, D. C. 2000.

[36] Psomopoulos, C. S., Bourka, A., and Themelis, N. J. *Waste-to-energy: a review of the status and benefits in USA.* Waste Management. 29. Ausgabe, S. 1718–1724, 2009.

[37] Kessler Consulting Inc. *MSAing Our Way to Diversion: Capturing the Commercial Waste Stream.* Tampa, FL. 2009.

[38] Pellitteri Waste Systems. *Recycling Center Video - Watch your Recycling get sorted.* URL: https://www.youtube.com/watch?time_continue=2&v=Vwch1gwUgQk [Stand: 25.08.2019]

[39] Burns & McDonnell. *Mixed waste processing economic and policy study.* Austin, TX. Erstellt für die American Forest & Paper Association. 2015.

[40] Pressley, P. N., Levis, J. W., Damgaard, A., Barlaz, M. A., and DeCarolis, J. F. *Analysis of material recovery facilities for use in life-cycle assessment.* Waste Management. 35. Auflage, S. 307–317, 2015.

[41] Gershman, Brickner & Bratton, Inc. *Materials Recovery Facility (MSA) Feasibility Report.* Fairfax, VA. Prepared for City of Tucson Environmental Services. 2008.

[42] Mineralölwirtschaftsverband (MWV). *Verbraucherpreise.* URL: ttps://www.mwv.de/statistiken/verbraucherpreise/ [Stand: 27.08.2019]

[43] Axion Consulting. *A Financial Assessment of Recycling MIxed Plastics in the UK: Financial modelling and assessment of mixed plastic separation and reprocessing (WRAP project MDP021).* Prepared for Waste Recovery Action Programme (WRAP). 2009.

[44] Al-Salem, S., Lettieri, P., and Baeyens, J. Recycling and recovery routes of plastic solid waste (PSW): a review. *Waste Management.* vol. 29, pp. 2625–2643, 2009.

[45] Plastiker. Echtzeit-Preisspiegel mit Preis- und Mengenstatistik. URL: *https://plasticker.de/preise/pms.php?show=ok&make=ok&aog=A&kat=Regranulat* [Stand: 28.08.2019]

[46] Gelles, D. *Losing a Profit Motive.* New York Edition: New York Times. February 12, 2016. p. B5. URL: https://www.nytimes.com/2016/02/13/business/energy-environment/skid-in-oil-prices-pulls-the-recycling-industry-down-with-it.html?_r=0 [Stand: 28.08.2019]

[47] EUROINVESTOR. *Oil price development.* Access Date: 2016/04/13. Available: http://www.euroinvestor.com/exchanges/gtis-energy/brent-oil/2327059

[48] Plasticker. *The Home of Plastics: Raw Materials & Prices.* URL: http://plasticker.de/preise/preise_monat_multi_en.php [Stand: 28.08.2019]

[49] US Inflation Calculator. *Historical Inflation Rates: 1914–2016.* URL: http://www.usinflationcalculator.com/inflation/historical-inflation-rates/ [Stand: 28.08.2019]

[50] Runkler, T. A. Korrelation. In: *Data Mining: Methoden und Algorithmen intelligenter Daten-analyse.* Vieweg+Teubner, Wiesbaden. 2010. S. 55–63.

5 Ökologische Analyse der Kunststoffabfallverwertung

Kapitel 4 zeigte, dass die energetische Verwertung, d. h. die Müllverbrennung mit Energierückgewinnung, die wirtschaftlichste Methode zur Behandlung von Kunststoffabfall darstellt. Um aber die Abfallbehandlung zu verbessern und den Herausforderungen, die sich aus der in Kapitel 2 genannten kontinuierlichen Zunahme von Kunststoffabfällen ergeben, zu begegnen, müssen die Methoden der Kunststoffabfallbehandlung auch aus *ökologischer Sicht* analysiert werden. Für die heutige und vor allem für die zukünftige Gesellschaft haben Umweltaspekte eine weitaus höhere Priorität als wirtschaftliche: Jährlich gelangen mindestens 8 Millionen Tonnen Kunststoffe in die Ozeane, was dem Entleeren des Inhalts einer LKW-Ladung Kunststoffabfall pro Minute entspricht. Wenn sich die Handhabung von Kunststoffabfällen nicht ändert, werden bis 2030 durchschnittlich zwei LKWs pro Minute und bis 2050 durchschnittlich sogar vier LKWs pro Minute entleert. Dies hätte zur Folge, dass der Gewichtsanteil von Kunststoffmüll zu Fischen, der aktuell ca. 50 % beträgt, bis 2050 weiter steigt und den Gewichtsanteil von Fischen gar übersteigt. Ein schonender Umgang mit Kunststoffabfällen ist für den Umweltschutz dementsprechend unabdingbar. [1]

Wie bereits in Abschnitt 1.2 erwähnt, ist das Recycling aus ökologischer Sicht die bevorzugte Methode der Kunststoffabfallverwertung, obwohl bei einer Kunststoffrecyclingquote in Europa von 31 % im Jahr 2018 nach wie vor Steigerungspotential besteht. [2] In Kapitel 5 wird erläutert, warum das Recycling im Vergleich zur Deponierung und energetischen Verwertung die aus ökologischer Sicht beste Verwertungsmethode darstellt.

5.1 Ökologische Analyse der Deponierung

Die Deponierung von Kunststoffabfällen hat verschiedene negative Auswirkungen auf die Umwelt, die im Folgenden dargestellt werden.

Zuallererst ist die Entsorgung von Kunststoffabfällen auf Deponien gleichzusetzen mit dem Verlust knapper Ressourcen. Wie bereits in Kapitel 2 erwähnt, benötigt die Herstellung von 1 kg Kunststoff 2 kg Rohöl, das verloren geht, wenn Kunststoffe deponiert und nicht recycelt werden. Darüber hinaus besetzen Deponien Land, welches zu einer immer knapperen Ressource wird. In Anbetracht der Tatsache, dass Kunststoffabfälle nur sehr langsam abgebaut werden, könnte diese Bodenknappheit eine große ökologische Herausforderung für den Umgang mit Kunststoffabfällen werden. Gerade außerhalb Europas, insbesondere den USA, ist diese Bodenknappheit ein aufkommendes Problem. [3, 4, 5, 6, 7]

Infolge der Entsorgung von Kunststoff auf Deponien werden der besetzte Boden und sein Grundwasser durch *Sickerwasser* verunreinigt. Sickerwasser beschreibt eine Flüssigkeit, deren Hauptquelle der Niederschlag ist. Dieses Wasser fließt durch die deponierten Abfälle und sammelt bzw. löst dabei Chemikalien aus dem Abfall, bevor es im Boden versickert. Auch wenn die Aktivität von Deponien im Allgemeinen auf 30 Jahre begrenzt ist und Regularien wie die Richtlinie 1999/31/EG die Nachsorge von Deponien regelt, können Sickerwässer nicht vollständig verhindert werden und machen eine erneute Nutzung des Landes nahezu unmöglich. [8, 9, 10]

Eine weitere negative Auswirkung von Kunststoffdeponierung auf die Umwelt entsteht durch die Produktion von Treibhausgasen (THG). Herkömmliche Kunststoffe enthalten dabei in der Regel keinen biologisch abbaubaren Kohlenstoff, dementsprechend erzeugen sie kein Methangas (CH_4) und gelten bei der Deponierung nicht als THG-Produzent. Allerdings produzieren die neuen und „umweltfreundlichen" Kunststoffe, die biologisch abbaubar sind und in etwa drei Jahren komplett zerfallen, Treibhausgase. Nach der Deponierung werden die organischen Kunststoffe zunächst durch aerobe Bakterien abgebaut und anschließend durch Fermentation in Gase und kurzkettige organische Verbindungen zerlegt. Diese Verbindungen bilden Substrate für das Wachstum von Methanbakterien, welche die Fermentationsprodukte in Biogas umwandeln, das zu etwa 50 % aus biogenem Kohlendioxid (CO_2) und 50 % aus CH_4 (Methan) besteht. Derzeit ist die Menge der Treibhausgase, die von den biologisch abbaubaren Kunststoffen erzeugt werden, gering, insbesondere im Vergleich zur Verbrennung (siehe Abschnitt 5.2). Wenn jedoch die Produktion von biologisch abbaubaren Kunststoffen steigt und ihre Abfälle weiterhin auf Deponien entsorgt werden, wird die Treibhausgasproduktion zu einem immer größeren Problem der Deponierung. [2, 11, 12]

Die größte Umweltbelastung, die aus der Deponierung von Kunststoffen resultiert, ist die Meeresverschmutzung. Gerade *Mikrokunststoffe* stellen ein großes Risiko dar. Durch die ultraviolette (UV-)Strahlung beginnen sich Kunststoffe in Deponien zu zersetzen und zerfallen in ihre verschiedenen chemischen Komponenten und Additive. Sowohl die großen als auch kleinen Kunststoffstücke stellen ein Risiko für Meerestiere oder Vögel dar. Oftmals können sie nicht zwischen Kunststoff und

Nahrung unterscheiden und essen den Kunststoffabfall, der sich danach in ihrem Körper befindet und Darmobstruktionen verursacht. [13, 14]

Die Umweltschädlichkeit von Kunststoffdeponierung wurde jedoch in einigen Teilen Europas bereits erkannt. So wurden Kunststoffabfälle vermehrt recycelt oder energetisch verwertet, was sich am sinkenden Anteil von deponiertem Kunststoffabfall zeigt. Wurden in den EU-Ländern, Norwegen und der Schweiz 2006 noch 52,2 % (12,9 mt von insgesamt 24,6 mt Kunststoffabfall) der Abfälle deponiert, waren es 2016 nur noch 27,3 % (7,4 mt von insgesamt 27,1 mt Kunststoffabfall). Die absolute Abnahme des deponierten Kunststoffes in Europa (12,9 mt auf 7,4 mt) beträgt dabei 43 %. Zehn europäische Länder (Schweiz, Österreich, Deutschland, Niederlande, Schweden, Dänemark, Luxemburg, Belgien und Finnland) haben dabei bereits strenge Auflagen hinsichtlich Kunststoffabfalldeponierung eingeführt, was sich in einem Deponierungsanteil von 0 % bis 5 % bezogen auf den Gesamtkunststoffabfall widerspiegelt. Allerdings beträgt die Deponierungsquote in über einem Drittel der EU-Länder über 50 %, in Kroatien, Bulgarien, Zypern, Griechenland und Malta fast 80 %. Dies zeigt, dass nach wie vor Verbesserungspotential in der Abfallbehandlung liegt.

5.2 Ökologische Analyse der Verbrennung mit Energierückgewinnung

Wie bereits in den Abschnitten 1.2.2 und 4.3 beschrieben, werden bei der energetischen Verwertung Abfälle, einschließlich Kunststoffabfälle, in Müllverbrennungsanlagen zur Stromerzeugung verbrannt. Diese Verbrennung führt zu einer ökologisch wertvollen Reduktion von Kunststoffabfällen: Die verbleibende, ungefährliche Verbrennungsasche beträgt ca. 25 % des Gewichts und 10 % des Volumens des unverarbeiteten Kunststoffabfalls. Diese Gewichts- und vor allem Volumenreduktion ist für die Umwelt von großer Bedeutung, da Böden eine knappe Ressource sind (Abschnitt 5.1). So verwertet eine durchschnittliche, 30 Jahre alte Müllverbrennungsanlage jährlich 1 Mio. t Abfall auf ca. 10 ha Land. Insgesamt wären das 30 Mio. t Abfall auf 10 ha Land pro Anlage. Die Deponierung von 30 Mio. t Abfall würde hingegen 300 ha Land erfordern. Darüber hinaus könnte auf dem Gelände der bestehenden Müllverbrennungsanlage eine neue Anlage gebaut werden. Deponien können nur noch äußerst selten für andere Zwecke genutzt werden, und es werden neue, grüne Felder in Deponien umgewandelt. [15, 16, 17, 18, 19]

Müllverbrennungsanlagen tragen indes dazu bei, dass der Verbrauch fossiler Brennstoffe und die Abhängigkeit von ausländischem Öl reduziert wird. Eine Tonne Siedlungsabfälle hat den chemischen Gehalt von 160 Liter Öl (1 barrel); 1 t nicht recycelter Kunststoff hat den chemischen Gehalt von 960 Liter Öl (6 barrel). [18, 20]

Doch auch die Verbrennung mit Energierückgewinnung hat negative ökologische Folgen. Zuallererst bedeutet die Verbrennung von Kunststoff die Verbrennung wertvoller, knapper Ressourcen. Wie bereits in Kapitel 2 erwähnt erfordert die Herstellung von 1 kg Kunststoff in etwa 2 kg Öl. Selbst wenn das verbrannte Öl Energie produzieren würde, wäre es viel nachhaltiger, diese knappe Ressource anders zu nutzen. [15, 20]

Eine weitere negative Folge der Müllverbrennungsanlagen ist der Lärm. So wird durch das Kippen des Mülls in die Anlage und den Anlagenbetrieb deutlich mehr Lärm erzeugt, als bei den anderen Abfallbehandlungsverfahren, was sich auf die Umwelt (z. B. die Tierwelt) auswirkt [21].

Das größte Problem bei der Verbrennung von Kunststoffen ist die Entstehung von Schadstoffen, insbesondere CO_2. Da Kunststoff aus einem fossilen Brennstoff hergestellt wird, gilt seine Verbrennung als anthropogene Quelle für Kohlenstoffemissionen. Eine Studie der Environmental Protection Agency (EPA) aus den USA ergab, dass Verbrennungsanlagen die schmutzigste Option zur Stromerzeugung sind und mehr Treibhausgase freisetzen als Kohlekraftwerke pro erzeugter Energieeinheit.

Tabelle 5.1 zeigt den Netto-Emissionsfaktor für die Verbrennung von 1 t Polyethylen (PE-HD und PE-LD) und Polyethylenterephthalat (PET) in Tonnen eines Kohlendioxidäquivalents ($MtCO_2E$), berechnet nach dem Waste-Reduction-Model (WARM) der EPA. Dieser Faktor beinhaltet die Emissionen im Zusammenhang mit dem Transport (900 km pro Sendung) der Kunststoffabfälle zu den Verbrennungsanlagen und die Emissionseinsparungen im Zusammenhang mit den vermiedenen Emissionen bei der Verbrennung konventioneller fossiler Brennstoffe für Versorgungsunternehmen. Es zeigt, dass die Produktion von Treibhausgasen durch Abfallverbrennung viel höher ist als die Emissionseinsparungen. [11, 22]

Tabelle 5.1 Netto-Emissionsfaktor durch Verbrennung verschiedener Kunststoffe

Material	Transport zur Verbrennungsanlage [$MtCO_2E/t$]	Emission während der Verbrennung [$MtCO_2E/t$]	Vermeidbare Emissionen von Versorgungsgütern [$MtCO_2E/t$]	Netto-Emissionsfaktor [$MtCO_2E/t$]
PE-HD	0,033	3,075	– 1,664	1,444
PE-LD	0,033	3,075	– 1,664	1,444
PET	0,033	2,249	– 0,871	1,411

CO_2, Dioxine und Partikel haben negative Folgen für Mensch und Umwelt. Beim Menschen können sie Asthma, Lungenschäden, Herzprobleme und Schäden des Nervensystems verursachen. Folgen für die Umwelt sind Smog, saurer Regen und eine Beschleunigung des Klimawandels. [15, 23]

5.3 Ökologische Analyse des Recyclings

Kunststoffrecycling hat einen großen positiven ökologischen Effekt: Es bietet Möglichkeiten, die Menge der zu entsorgenden Abfälle, den Ölverbrauch und die Kohlendioxidemissionen zu reduzieren. [16, 24]

Kunststoffrecycling ist gleichbedeutend mit der Wiederverwendung knapper Ressourcen, insbesondere von Öl. Kunststoffe werden heute fast ausschließlich aus Petrochemikalien erzeugt, die aus fossilen Ölen und Gasen hergestellt werden. Da die Herstellung von Kunststoffen auch Energie benötigt, wird eine ähnliche zusätzliche Menge an fossilen Brennstoffen für ihre Herstellung eingesetzt. Die Wiederaufbereitung von Kunststoffen ist somit gleichbedeutend mit der Wiederverwendung dieser wichtigen Ressource. [24]

Der Hauptvorteil des Kunststoffrecyclings liegt in der *Reduzierung der Kunststoffproduktion*: Weniger Produktion bedeutet weniger Energieverbrauch, was gleichzeitig zu einer Reduktion der CO_2- und Treibhausgasemissionen führt. [26]

Tabelle 5.2 Netto-Emissionsfaktor bei der Herstellung von recycelten versus fabrikneuen Kunststoffen

		PE-HD	PE-LD	PET
Fabrikneuer Kunststoff [MtCO_2E/t]	Prozessenergie	1,560	1,905	1,796
	Verkehrsenergie	0,036	0,036	0,036
	Rohmaterial	0,172	0,172	0,100
Recycelter Kunststoff [MtCO_2E/t]	Prozessenergie	0,118	0,118	0,118
	Verkehrsenergie	0,045	0,045	0,045
	Rohmaterial	–	–	–
Einsparung durch Recycling [MtCO_2E/t]	Prozessenergie	- 1,442	- 1,787	- 1,678
	Verkehrsenergie	0,009	0,009	0,009
	Rohmaterial	- 0,172	- 0,172	- 0,100
	Gesamteinsparung	- 1,605	- 1,950	- 1,769

Tabelle 5.2 zeigt die Differenz zwischen den Emissionen aus der Herstellung von 100 % Neuware und 100 % recyceltem Material, berechnet nach der WARM-Methode, die die Emissionen aufgliedert in

- Prozessenergieemissionen
- Verkehrsemissionen
- Rohmaterial

Es zeigt sich, dass die Herstellung von recyceltem HP-DE, PE-LD und PET die Treibhausgasemissionen deutlich reduziert, verglichen mit der Herstellung der gleichen Menge an Neuware. Unter diesen Kunststoffen weist das PE-LD-Recycling die größten Einsparungen an Treibhausgasemissionen auf. [11, 26]

Durch die Reduzierung von Abfall, Energieverbrauch und Treibhausgasemissionen hat das Kunststoffrecycling einen positiven Effekt für die Umwelt. Diese positiven ökologischen Auswirkungen spiegeln sich in der zunehmenden Recyclingquote in Europa wieder, welche seit 2006 stetig steigt und 2015 erstmals einen größeren Anteil an der Abfallentsorgung hatte als die Deponierung (8,4 Millionen Tonnen recycelt, 7,4 Millionen Tonnen deponiert).

5.4 Fazit: Notwendigkeit des Kunststoffrecyclings für die Umwelt

Unter Berücksichtigung der aktuellen Verfahren zur Abfallbehandlung wurde festgestellt, dass aus ökologischer Sicht das Recycling eindeutig der beste Weg ist, um Kunststoffabfälle zu entsorgen. Neben der Reduzierung von Abfall führt dies zu Energieeinsparungen und reduzierten Treibhausgasemissionen im Vergleich zu den anderen beiden Verfahren. Recycling ist nicht nur eine Entsorgungsstrategie; es setzt auch das Konzept der Industrieökologie um, dass es keinen Abfall, sondern nur neue Produkte gibt. [27]

Aus diesem Grund muss der Recyclingprozess so verbessert werden, dass er sowohl ökologisch als auch ökonomisch gestaltet ist. Daher werden in Kapitel 6 zwei verschiedene Wege untersucht, um den Kunststoffrecyclingprozess wirtschaftlich zu verbessern und ihn noch unverzichtbarer zu machen.

Literatur zu Kapitel 5

[1] Project MainStream. *The New Plastics Economy: Rethinking the Future of Plastics.* Ellen MacArthur Foundation, The World Economic Forum, and McKinsey & Company. 2016.

[2] PlasticsEurope. *Annual Review 2017-2018.* Brüssel, Belgien. 2019.

[3] Powell, J. T., Townsend, T. G., and Zimmermann, J. B. Estimates of solid waste disposal rates and reduction targets for landfill gas emissions. *Nature Climate Change.* 6. Ausgabe, S. 162-166, 2016.

[4] Statista. *Number of municipal waste landfills in the U. S. from 1990 to 2013.* 2015. URL: https://www.statista.com/statistics/193813/number-of-municipal-solid-waste-landfills-in-the-us-since-1990/ [Stand: 26.07.2019]

[5] United States Senate. *Solid Waste Disposal Act (RCRA).* Washington, D. C. 2002.

[6] Themelis, N., and Ulloa, P. Capture and utilization of landfill gas. *Renewable Energy.* S. 77-81, 2005.

[7] National Solid Wastes Management Association. *Modern Landfills: A Far Cry from the Past.* Washington, D. C. 2008.

[8] Rat der Europäischen Union. *Richtlinie 1999/31/EG über Abfalldeponien.* ed. 1999.

[9] Scharff, H., van Zomeren, A., and van der Sloten, H. A. Landfill sustainability and aftercare completion criteria. *Waste Management & Research.* 29. Ausgabe, S. 30–40, 2011.

[10] Kjeldsen, P., Barlaz, M. A., Rooker, A. P., Baun, A., Ledin, A., and Christensen, T. H. Present and long-term composition of MSW landfill leachate: a review. *Critical Reviews in Environmental Science and Technology.* 32. Ausgabe, S. 297–336, 2002.

[11] PlasticsEurope. *Plastics – the Facts 2018*. Brüssel, Belgien. 2019.

[12] Jacobsen, S. *Plastic Bag Pollution*. 2005. URL: *http://dpw.lacounty.gov/epd/PlasticBags/Articles/Googobits_07-21-05.pdf*

[13] Jambeck, J. R., Geyer, R., Wilcox, C., Siegler, T. R., Perryman, M., Andrady, A., Narayan, R., and Law, K. L. Plastic waste inputs from land into the ocean. *Science.* 347. Ausgabe, S. 768–771, 2015.

[14] Klammer, P. and Blage, J. Wenn Plastik Tötet. *Focus.* 13. Ausgabe, S. 110–114, 2013.

[15] Center for Sustainable Systems. *Municipal Solid Waste*. University of Michigan, Ann Arbor, MI. 2015.

[16] United States Environmental Protection Agency (EPA). *Advancing Sustainable Materials Management: Facts and Figures 2013. Assessing Trends in Material Generation, Recycling and Dis-posal in the United States*. Washington, D. C. 2015.

[17] Psomopoulos, C. S., Bourka, A., and Themelis, N. J. Waste-to-energy: a review of the status and benefits in USA. *Waste Management.* 29. Ausgabe, S. 1718–1724, 2009.

[18] Themelis, N. J. and Mussche, C. *Energy and Economic Value of Municipal Solid Waste (MSW), Including Non-Recycled Plastics (NRP), Currently Landfilled in the Fifty States*. Earth Engineering Center, Columbia University. New York, NY. 2014. S. 1–40.

[19] Schwartz, M. and Disney, C. *Art of the Deal: Building WTE in the 21*st *Century*. Paper presented at The 16th Annual North American Waste-to-Energy Conference (NAWTEC16), Philadelphia, PA, 19–21 Mai, 2008.

[20] Helou, A. E., Tran, K., and Buncio, C. *Energy recovery from MSW in California: Needs and challenges*. Paper presented at The 18th Annual North American Waste-to-Energy Conference (NAWTEC18), Orlando, Fl, 11–13 Mai, 2010.

[21] Texas Comptroller of Public Accounts. Municipal Solid Waste Combustion. In: *The Energy Report 2008*. Austin, TX. 2008. S. 257–267.

[22] Bell, L., and Bremmer, J. *Burning waste for energy: It doesn't stack-up*. National Toxics Network, Inc., Bangalow, Australia. 2014.

[23] United States Environmental Protection Agency (EPA). *Air Regulations for Municipal Waste Combustors*. Washington, D. C. 2011.

[24] Hopewell, J., Dvorak, R., and Kosior, E. Plastics recycling: challenges and opportunities. *Philosophical Transactions of the Royal Society of London B: Biological Sciences.* 364. Ausgabe, S. 2115–2126, 2009.

[25] United States Environmental Protection Agency (EPA). *Advancing Sustainable Materials Management: 2013 Fact Sheet. Assessing Trends in Material Generation, Recycling and Disposal in the United States*. Washington, D. C. 2015.

[26] American Chemistry Council. The word on plastic recycling: momentum. *SPE Plastics Engineering.* S. 48–50, Februar 2016.

6 Optimierung des Kunststoffrecyclings

Kapitel 5 hat gezeigt, dass das Recycling die beste Option für den Umgang mit Kunststoffabfällen aus ökologischer Sicht ist und wesentlich zur Minimierung der Luft-, Boden- und Meeresverschmutzung beitragen kann.

Aber wie in den Kapiteln 2, 3 und 4 dargestellt, gibt es beim Recycling zwei zentrale Fragen: Einerseits werden europaweit – trotz steigender Tendenz – nach wie vor nur ein Drittel der Kunststoffabfälle recycelt. Andererseits ist das Recycling derzeit wirtschaftlich unrentabel (siehe Kapitel 4). Das Recycling und der Verkauf von 1 t recyceltem Kunststoff führt zu einem Verlust von ca. 80 €.

Um sowohl die Rentabilität, als auch die Recyclingquote zu verbessern, werden in diesem Kapitel zwei Möglichkeiten zur Prozessoptimierung vorgestellt.

6.1 Optimierungsmöglichkeit I: Reduktion der Sortiervorgänge

Die erste vorgeschlagene Prozessoptimierung ist die Reduzierung der Anzahl der Sortierprozesse. Daher wird das in Kapitel 1 beschriebene Dual-Stream bzw. Zweistrom-Recycling betrachtet. Dual-Stream-Recycling bedeutet, dass die Kunststoffabfälle von den Verbrauchern in ihren Haushalten direkt getrennt werden, was in einigen Ländern Europas schon sehr verbreitet ist (siehe Abschnitt 1.2.3). Somit entfällt der Sortierprozess in der Materialrückgewinnungsanlage (MSA). Der optimierte Prozess ist in Bild 6.1 dargestellt. [1]

Zur Berechnung der Wirtschaftlichkeit des optimierten Prozesses wird die ursprüngliche Wirtschaftlichkeitsberechnung des Kunststoffrecyclingprozesses zugrunde gelegt. Die Kosten für die Verarbeitung von PET sowie die Einnahmen aus dem Verkauf von recyceltem PET bleiben unverändert. Die Verarbeitung von 1 t Kunststoffabfall kostet **54,81 €** und die Verkaufserlöse von 1 t recyceltem Kunststoff betragen **44,53 €**. Um den Kunststoff jedoch in der gleichen Anlage zu verarbeiten, müssen einige zusätzliche Maschinen und Prozesse installiert werden. Die Analyse der zusätzlichen Kosten, wie z. B. Investitions-, Betriebs- und Wartungskosten, erfolgt in zwei Schritten. Die Annahmen für diese Optimierung sind in Tabelle 6.1 und ausführlicher in Tabelle 8.19 im Anhang dargestellt.

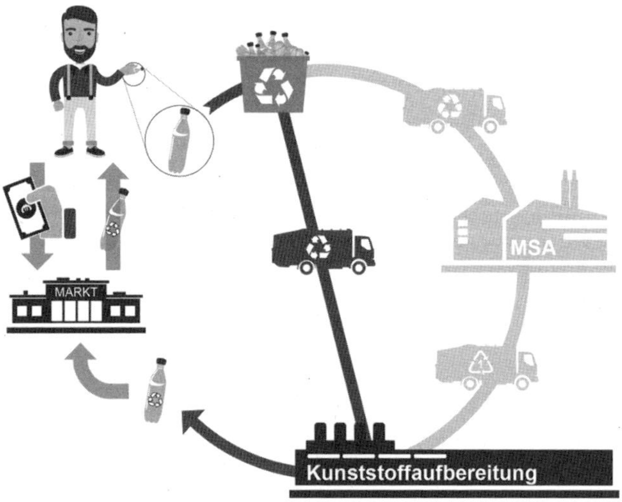

Bild 6.1 Optimierungsmöglichkeit I: Reduktion der Sortiervorgänge

Tabelle 6.1 Optimierungsmöglichkeit I: Annahmen

Lebensdauer [Jahre]	20
Jährliche Arbeitsstunden [h]	6.240
Jährlich Kunststoffabfallkapazität [t]	100.000
Gesamte Kunststoffabfallkapazität [t]	2.000.000
Jährlich PET Kapazität [t]	15.000
Gesamte PET Kapazität [t]	300.000
Trenneffizienz [%]	91

Die zusätzlichen Investitionskosten werden in Gebäude- und Standortkosten, Maschinen- und Anlagenkosten aufgeteilt. Um Kunststoffabfälle in nur einer Anlage zu behandeln, sind zusätzliche Grundstücke, Baustellenarbeiten und Gebäude sowie ein Waagenhaus erforderlich. Diese Bau- und Baustellenkosten belaufen sich auf 1.775.000 €. Darüber hinaus müssen drei neue Maschinen installiert werden: ein Dosierbehälter, eine optische PET-Sortiermaschine und eine Ballenpresse. Die Investitionskosten aller Maschinen belaufen sich auf 925.000 €. Für zusätzliche Förderbänder, Schienenfahrzeuge und Entsorgungswagen betragen die Gesamtkosten 1.250.000 €. Wie in Tabelle 6.2 dargestellt, betragen die gesamten zusätzlichen Investitionskosten **3.950.000 €** (siehe auch Tabelle 8.20 im Anhang). [2, 3, 4]

Tabelle 6.2 Optimierungsmöglichkeit I: Zusätzliche Investitionen

Zusätzliche Gebäude- und Standortinvestitionskosten [€]	1.775.000
Zusätzliche Maschineninvestitionskosten [€]	925.000
Zusätzliche Investitionskosten für die Ausstattung [€]	1.250.000
Gesamte Zusätzliche Investitionskosten [€]	3.950.000

Zusätzliche Betriebs- und Wartungskosten sind Gehälter für zusätzliches Personal, Betriebs- und Wartungskosten der Maschinen, sowie zusätzliche Transport- und Abholkosten. Die jährlichen Betriebs- und Wartungskosten betragen **4.913.409 €** also insgesamt **98.268.185 €**, wie in Tabelle 6.3 und ausführlicher in Tabelle 8.21 im Anhang dargestellt. [3]

Tabelle 6.3 Optimierungsmöglichkeit I: Zusätzliche Betriebs- und Wartungskosten

Personalkosten pro Jahr [€]	963.000
Betriebskosten pro Jahr [€]	250.000
Maschinenkosten pro Jahr [€]	175.909
Intralogistikkosten pro Jahr [€]	1.274.500
Transport- und Sammlungskosten [€]	2.250.000
Jährliche Betriebs- und Wartungskosten [€]	4.913.409
Gesamtbetriebs- und Wartungskosten [€]	98.268.185

Zusammengefasst betragen die gesamten zusätzlichen Kosten **102.218.185 €**. Da in diesem neuen Anlagenbereich jährlich 100.000 t Kunststoffabfälle (d. h. 2.000.000 über 20 Jahre) verarbeitet werden müssen, betragen die Mehrkosten von 1 t Kunststoffabfall **51,11 €**.

In dem Wissen, dass die Einnahmen aus dem Recycling von 1 t Kunststoffabfall **44,53 €** und die Kosten für die Weiterverarbeitung des Kunststoffabfalls **54,81 €** betragen, wird die Rentabilität dieser Optimierung in Tabelle 6.4 berechnet.

Tabelle 6.4 Gewinn aus der Verwertung pro Tonne Kunststoffabfall

Einnahmen pro Tonne Kunststoffabfall [€/t]	44,53
Sortierprozess [€]	51,11
PET-Prozess [€]	54,81
Gewinn pro Tonne Kunststoff [€/t]	- 61,39

Tabelle 6.4 zeigt, dass der Gewinn dieser Optimierung mit –61,39 € pro Tonne recycelter Kunststoffabfälle nach wie vor keine absolute Rentabilität aufweist. Im Vergleich zum aktuellen Single-Stream Recycling ist der Gewinn der Optimierung jedoch um 18,33 € pro Tonne höher.

Diese Optimierung birgt jedoch zwei Risiken, die nicht in die Berechnung einbezogen werden können. Erstens hängt dieser optimierte Prozess noch stärker vom Entsorgungsverhalten der Verbraucher ab. Wenn die Verbraucher nicht nur zwischen Wertstoffen und Einwegprodukten, sondern auch zwischen Kunststoffen, Papier, Glas und Metallen unterscheiden müssen, steigt das Risiko einer nicht ordnungsgemäßen Entsorgung von Kunststoffabfällen. Zweitens hat die Optimierung versteckte Kosten für den Transport und die Sammlung von Abfällen. Die Analyse betrachtete nur das Recycling von Kunststoffabfällen. Im täglichen Leben sollten auch Papier, Glas und Metalle recycelt werden. Würden alle diese Materialien einzeln gesammelt, würden die Transport- und Abholkosten enorm steigen.

Allerdings wird ein wichtiger positiver Faktor auch nicht in Zahlen ausgedrückt, nämlich die Kontaminationsfreiheit der Kunststoffabfälle: Je früher die Abfälle getrennt werden, desto geringer ist das Risiko der Kontamination, welche gleichbedeutend mit einer Nicht-Recycelbarkeit ist.

6.2 Optimierungsmöglichkeit II: Upcycling von Kunststoffabfall durch das Mischen von PE-LD und PP

Die zweite Optimierungsmöglichkeit, die in diesem Buch untersucht wird, beinhaltet die *Erweiterung der analysierten PET-Wiederaufbereitung* auf das Recycling von Polypropylen (PP) und Low-Density Polyethylen (PE-LD) durch die Vermischung zu einem Compound. Der Prozess ist in Bild 6.2 dargestellt.

Aufgrund seiner wünschenswerten physikalischen Eigenschaften wie hohe Zugfestigkeit, hohe Steifigkeit und hohe chemische Beständigkeit wird PP häufig als Verpackungsmaterial eingesetzt. Es zeigt jedoch eine schlechte Schlagzähigkeit bei niedrigen Temperaturen und ist anfällig für Spannungsrisse in der Umgebung. PE-LD wird hauptsächlich für Beutel und Verpackungsfolien verwendet. Aufgrund seiner geringen mechanischen Eigenschaften, aber der einfachen Verarbeitung wird es recycelt und für Anwendungen mit niedrigem Reinheitsgrad verwendet, wie z. B. Müllsäcke. Daher sind Gemische aus PE-LD und PP zu einem Thema von großem wirtschaftlichem Interesse geworden, um die Verarbeitungsfähigkeit und mechanischen Eigenschaften von PP zu verbessern. [5]

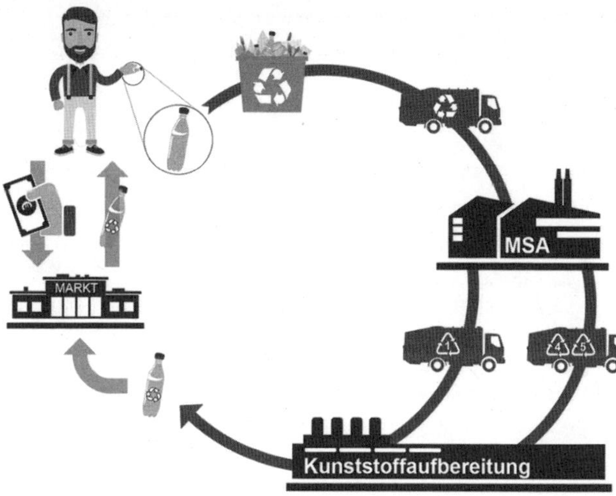

Bild 6.2 Optimierungsmöglichkeit II: Erweiterung des Prozesses durch die Mischung von recyceltem Polypropylen (PP) und Low-Density-Polyethylen (PE-LD)

Kombinationen von PE-LD und PP sind dabei häufig in Polymerabfallströmen zu finden. Da ihre Dichten jedoch sehr ähnlich sind (PP: 946 kg/m^3, PE-LD: 940 kg/m^3), lassen sie sich mit herkömmlichen Sortiermethoden, die in Kapitel 3 vorgestellt wurden, nicht so einfach voneinander trennen. Eine Mischung von recyceltem PP-PE-LD könnte neben dem wirtschaftlichen Aspekt auch eine hohe Auswirkung auf die Gesamtrecyclingquote von Kunststoffen haben: So machten PP (16,8 %) und PE-LD (27,6 %) 2013 fast 45 % der gesamten Kunststoffabfälle aus. Das Nichtrecycling dieser beiden Kunststoffe bedeutet die Verschwendung wichtiger Ressourcen. Es muss jedoch geprüft werden, ob die Mischung von recyceltem PP und PE-LD wirtschaftlich rentabel ist und somit den Kunststoffrecyclingprozess optimiert. [6, 7, 8,]

Materialtests zeigten, dass recycelte PP- und PE-LD-Mischungen ähnliche Materialeigenschaften aufweisen wie reine PP-PE-LD-Mischungen. Die Auswirkungen der Verarbeitung auf die Eigenschaften von recyceltem PP, recyceltem PE-LD und deren Mischungen wurden mit Hilfe von *Schmelzflussindex-(MFI)-Messungen* untersucht (siehe Abschnitt 3.4). Diese MFI-Messungen zeigten einen Anstieg der Fließrate mit zunehmenden Mengen an r-PE-LD in den Compounds, also eine Abnahme der Viskosität mit zunehmenden Mengen an r-PE-LD. Dies ist hauptsächlich auf den höheren Abbau von r-PE-LD zurückzuführen, wie in Bild 6.3 dargestellt.

Diese Ergebnisse entsprechen auch den mechanischen Prüfungen. Je höher der r-PE-LD-Wert, desto höher ist die maximale Zugdehnung, aber desto geringer ist die maximale Zugfestigkeit (Bild 6.4).

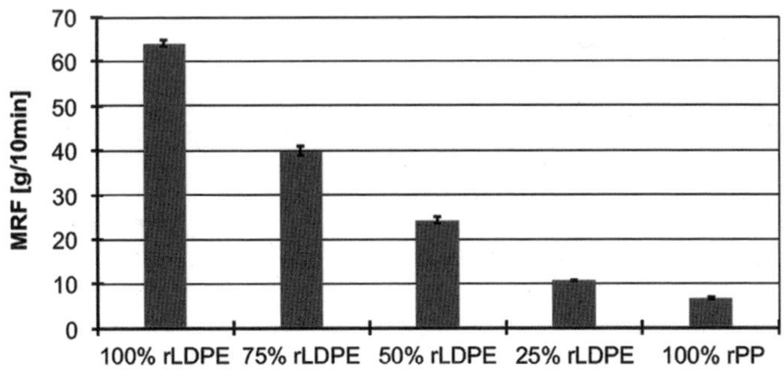

Bild 6.3 Schmelzflussindex (MFI) von recyceltem Low-Density Polyethylen (r-PE-LD), recyceltem Polypropylen (r-PET) und deren Mischungen.

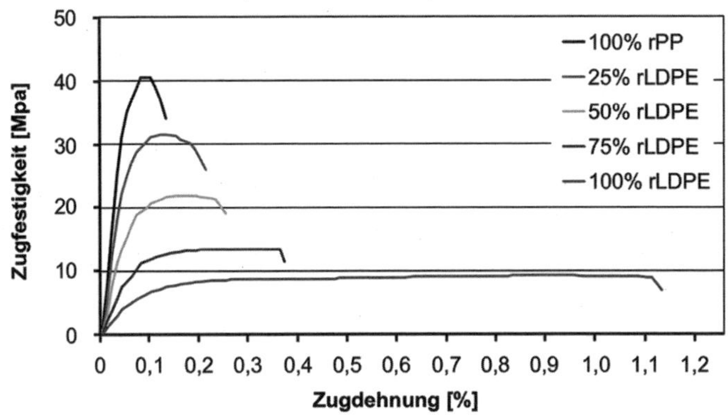

Bild 6.4 Zugfestigkeit und Zugdehnung von recyceltem Low-Density-Polyethylen (r-PE-LD), recyceltem Polypropylen (r-PET) und deren Mischungen.

Dementsprechend kann die Mischung von recyceltem PP und PE-LD die Materialeigenschaften teilweise verbessern. Um die Rentabilität der Optimierungsmöglichkeit II zu berechnen werden zunächst zusätzliche Kosten berechnet. Anschließend werden die Erlöse aus dem Verkauf von r-PE-LD-r-PP-Gemischen berechnet. Daraus wird der Gewinn der Optimierung abgeleitet.

6.2.1 Zusätzliche Kosten durch PE-LD-PP Recycling

Zur Berechnung der Kosten der Optimierung II dient der Kunststoffrecyclingprozess in Abschnitt 4.4 als Grundlage. Die wichtigsten Annahmen sind in Tabelle 4.13, Tabelle 4.17 und Tabelle 6.5 dargestellt.

Tabelle 6.5 Optimierungsmöglichkeit II: Annahmen

Lebensdauer [Jahre]	20
Prozentsatz von PET in Kunststoffabfällen [%]	10,95
Prozentsatz der PE-LD-PP in Kunststoffabfälle [%]	44,40
Preis von recyceltem PET-Granulat [€/kg]	0,48
Durchschnittspreis von recyceltem PE-LD-PP-Granulat [€/kg]	0,76
Gesamte PET Kapazität [t]	300.000
Trenneffizienz [%]	91

Um PE-LD-PP zu recyceln muss zunächst der MRF-Prozess um Maschinen erweitert werden, die das Sortieren von PE-LD und PP ermöglichen. Da ihre Dichten nahezu gleich sind und der optische Sortierer zur Unterscheidung verschiedener Kunststoffe Materialdichten verwendet, wird nur ein neuer Sortierer benötigt. Die Gesamtinvestition sowie die Betriebs- und Wartungskosten betragen **2.071.776 €** oder **0,97 €** pro t Kunststoff, wie in Tabelle 6.6 und ausführlicher in Tabelle 8.22 im Anhang dargestellt. [2]

Tabelle 6.6 Optimierungsmöglichkeit II: Zusätzliche Kosten in der MSA durch das Recycling von PE-LD-PP Gemischen

Zusätzliche Investitionskosten [€]	900.000
Zusätzliche Betriebs- und Wartungskosten [€]	1.171.776
Zusätzliche MSA Kosten insgesamt [€]	2.071.776
Zusätzliche MSA Kosten pro Tonne [€/t]	0,97

Als nächstes muss der Kunststoffaufbereitungsprozess angepasst werden. Da Kunststoffe zunächst im MSA sortiert und separat zur Kunststoffaufbereitungsfabrik transportiert werden, werden PET und PE-LD-PP unabhängig voneinander verarbeitet. Das bedeutet, dass ein zweiter Dosierbehälter, Ballenbrecher und eine Waschstation sowie ein PE-LD-PP-Extruder benötigt werden. Die Jahreskapazität für PE-LD-PP ist die gleiche wie für PET. Damit sind die Investitionskosten für die genannten Maschinen identisch wie für PET. Der PE-LD-PP-Extruder ist hingegen etwas günstiger als der PET-Extruder. Die gesamten Maschineninvestitionskosten für die Kunststoffverarbeitung betragen **18.134.600 €** (einschließlich Förderbänder und Installation). Darüber hinaus müssen die Betriebsflächen und das Rollmaterial erweitert werden. Diese Investitionen führen zu Gesamtkosten von **19.954.600 €** (Tabelle 6.7 und Tabelle 8.23 im Anhang). [2, 9]

Tabelle 6.7 Optimierungsmöglichkeit II: Zusätzliche Investitionskosten des Kunststoffaufbereitungsprozesses

Gebäude- und Standortinvestitionskosten [€]	1.770.00
Maschineninvestitionskosten [€]	18.134.600
Zusätzliche Investitionskosten für die Ausstattung [€]	50.000
Gesamtinvestitionskosten [€]	19.954.600

Neben den Investitionen erhöhen sich auch die Betriebs- und Wartungskosten. Da der PE-LD-PP Prozess dem PET-Prozess ähnelt, können an einigen Stellen Synergien geschaffen werden. Da die Optimierung vorsieht, dass alle Kunststoffmaterialien in demselben Werk verarbeitet werden und dies lediglich um eine Prozesslinie erweitert wird, ist kein zusätzlicher Betriebsleiter, Marketingleiter oder Wartungsingenieur erforderlich. Zudem ist der Stromverbrauch des Extrusionsprozesses der PE-LD-PP-Verarbeitung deutlich geringer als bei der PET-Verarbeitung: PE-LD-PP hat eine niedrigere Schmelztemperatur als PET und damit einen geringeren Stromverbrauch. Die jährlichen Betriebs- und Wartungskosten der PE-LD-PP-Verarbeitung betragen **5.376.339 €,** also **107.526.785 €** nach 20 Jahren (Tabelle 6.8 und Tabelle 8.24 im Anhang) [2, 9]

Tabelle 6.8 Optimierungsmöglichkeit II: Zusätzliche Betriebs- und Wartungskosten des Kunststoffaufbereitungsprozesses

Personalkosten pro Jahr [€]	1.500.000
Maschinenwartungskosten pro Jahr [€]	906.730
Maschinenbetriebskosten pro Jahr [€]	2.779.184
Intralogistikkosten pro Jahr [€]	190.425
Jährliche Betriebs- und Wartungskosten [€]	5.376.339
Betriebs- und Wartungskosten insgesamt [€]	107.526.785

Die Optimierungsmöglichkeit II erzeugt über die ganze Lebensdauer der Fabrik zusätzliche Investitions-, Betriebs- und Wartungskosten in Höhe von 127.481.385 € oder 424,94 € pro t PE-LD-PP-Abfälle. Bei einem kombinierten PE-LD-PP-Gehalt von 44,40 % im Kunststoffabfall betragen die zusätzlichen Verarbeitungskosten pro 1 t Kunststoff **188,67 €.** (Tabelle 6.9).

Tabelle 6.9 Optimierungsmöglichkeit II: Zusätzliche Kosten des Kunststoffaufbereitungsprozesses pro Tonne Kunststoffabfall

Investitionskosten [€]	19.954.600
Betriebs- und Wartungskosten [€]	107.526.785
Gesamtkosten [€]	127.481.385
Kosten pro Tonne PE-LD-PP [€/t]	424,94
Kosten pro Tonne Kunststoffmüll [€/t]	188,67

6.2.2 Zusätzliche Einnahmen durch PE-LD-PP Recycling

Um den Umsatz des PE-LD-PP-Recyclingprozesses zu berechnen, gilt es zunächst den Verkaufspreis der r-PE-LD-r-PP-Mischungen zu ermitteln.

Die Ergebnisse der Materialanalyse des recycelten Materials entsprechen jenen von Neuware: Ein höherer Anteil PP in der Mischung führt zu einer erhöhten Steifigkeit und Festigkeit des Materials, welches wünschenswerte physikalische Eigenschaften für Verpackungsmaterialien darstellen. Allerdings führt ein größerer Anteil von PE-LD in den Mischungen zu einer hohen Zugdehnung des Materials. Abhängig von der Wahl der Anwendung des Materials kann auch diese Eigenschaft und die damit verbundene Fähigkeit der Dehnbarkeit des Materials wichtig sein.

Dies zeigt, dass der Wert eines Produkts durch seine Nachfrage bestimmt wird. Die Festlegung eines expliziten Verkaufspreises auf der Grundlage von Materialeigenschaften ist, auch aufgrund mangelnder Erfahrung in diesem Bereich, relativ willkürlich.

Da das Verhältnis zwischen PE-LD (27,6 % Kunststoffabfall) und PP (16,8 % Kunststoffabfall) im Kunststoffabfall in Deutschland ungefähr 3:2 beträgt, beträgt der Preis für recycelte PE-LD-PP-Pellets, der für die folgenden Berechnungen verwendet werden, 0,76 € pro kg (60 % r-PE-LD für 0,68 €; 40 % r-PP für 0,88 €).

Bei der Berechnung der Einnahmen aus dem Kunststoffrecycling ist erneut zu beachten, dass nur 444 kg von 1 t Kunststoffabfall PE-LD-PP sind. [6] Die Effizienz der optischen Sortierung in der MSA und der manuellen Sortierung während der PE-LD-PP-Verarbeitung ist ebenfalls zu berücksichtigen. Bei einem Durchschnittspreis von 0,76 € pro kg betragen die Mehreinnahmen durch Optimierung II **289,31 €** (Tabelle 6.10).

Tabelle 6.10 Optimierungsmöglichkeit II: Zusätzliche Einnahmen

Menge von PET in Kunststoffabfällen [kg]	444,00
Trenneffizienz MSA Sortierung [%]	90,25
Trenneffizienz PE-LD-PP-Sortierung [%]	95,00
Preis von recyceltem PE-LD-PP [€/kg]	0,76
Gesamteinnahmen durch PE-LD-PP-Recycling [€]	289,31

6.2.3 Gesamtgewinn durch Optimierungsmöglichkeit II

Um den Gesamtgewinn aus Optimierungsmöglichkeit II zu berechnen sind die Erlöse und Kosten des PET-Prozesses (Abschnitt 4.4) und der Optimierung II zusammenzuführen. Wie Tabelle 6.11 zeigt, beträgt der Gewinn aus der Verwertung von 1 t Kunststoffabfällen **19,95 €** (Tabelle 6.11).

Tabelle 6.11 Optimierungsmöglichkeit II: Gesamter Gewinn beim Recycling von einer Tonne Kunststoffmüll

Einnahmen pro Tonne Kunststoff [€/t]	333,84
Kosten pro Tonne Kunststoff [€/t]	313,89
Gewinn pro Tonne Kunststoff [€/t]	19,95

Mit der Optimierung II würde der Gewinn um **99,76 €** pro Tonne steigen und das Kunststoffrecycling absolut profitabel machen. Die Implementierung eines PE-LD-PP-Prozesses ist relativ teuer, aber da die Mehrkosten des MSA sehr gering sind, steigt der Gewinn deutlich.

Aber wie bereits zuvor in diesem Buch erwähnt, ist dieses Szenario ein Idealfall und setzt voraus, dass der gesamte Kunststoff vom Verbraucher sortiert und ordnungsgemäß entsorgt wird. Darüber hinaus ist der Verkaufspreis des r-PE-LD-r-PP von großer Bedeutung für den Umsatz des Optimierungsprozesses und damit für die Rentabilität des gesamten Kunststoffrecyclingprozesses. Würde die Mischung zum Preis von r-PE-LD (0,68 € pro Tonne) verkauft, würde die Optimierung einen Verlust von ca. 11 € pro Kunststoffabfall erzielen. Würde die Mischung zum Preis von r-PP verkauft, hätte der Recyclingprozess einen Gewinn von rund 65,63 € pro Tonne Kunststoffabfall und wäre absolut profitabel.

Darüber hinaus ist, wie in Abschnitt 4.4.5 analysiert, der Ölpreis auch für die Optimierung II ein wichtiger Faktor. Die Abhängigkeit der r-PE-LD- und r-PP-Preise vom Ölpreis ist die gleiche wie bei r-PET.

Literatur zu Kapitel 6

[1] Kessler Consulting Inc. *MRFing Our Way to Diversion: Capturing the Commercial Waste Stream.* Tampa, FL. 2009.

[2] Pressley, P. N., Levis, J. W., Damgaard, A., Barlaz, M. A., and DeCarolis, J. F. Analysis of material recovery facilities for use in life-cycle assessment. *Waste Management.* 35. Ausgabe, S. 307–317, 2015.

[3] Gershman; Brickner & Bratton Inc. *Materials Recovery Facility (MRF) Feasibility Report.* Fairfax, VA. 2008.

[4] Burns & McDonnell. *Mixed waste processing economic and policy study.* Austin, TX. Report prepared for the American Forest & Paper Association. 2015.

[5] Utracki, L. A. *Commercial polymer blends*: Springer Science & Business Media, New York, NY. 1998.

[6] Consultic Marketing & Industrieberatung GmbH. *Analyse & Beschreibung der derzeitigen Situation der stofflichen und energetischen Verwertung von Kunststoffabfällen in Deutschland – Endbericht.* Alzenau. 2015.

[7] Yin, S., Tuladhar, R., Shi, F., Shanks, R. A., Combe, M., and Collister, T. Mechanical reprocessing of polyolefin waste: a review. *Polymer Engineering & Science.* vol. 55, pp. 2899–2909, 2015.

[8] Salih, S. E., Hamood, A. F., and Alsabih, A. H. *Comparison of the characteristics of PE-LD: PP and PE-HD: PP polymer blends.* Modern Applied Science. 7. Auflage, S. 33, 2013.

[9] Axion Consulting. *Financial modelling and assessment of mixed plastic separation and reprocessing (WRAP project MDP021).* Report prepared for Waste Resources Action Programme (WRAP). 2009.

[10] Plastics News. *Current Resin Pricing.* URL: http://www.plasticsnews.com/resin/recycled-plastics/current-pricing[Stand: 28.08.2019]

7 Kunststoffabfälle Weltweit: Steigendes Recyclingpotenzial

Zusätzlich zu der detaillierten Analyse des Kunststoffrecyclings in Deutschland bzw. Europa und seinem enormen Potential für die Zukunft gibt Kapitel 7 einen Überblick über den Umgang mit Abfällen und im Speziellen das Recycling auf dem Weltmarkt. Um die globalen Auswirkungen der Abfallerzeugung im Allgemeinen und insbesondere von Kunststoffen zu verstehen, wird als Unterscheidungskriterium zunächst das Durchschnittseinkommen herangezogen. Die folgenden Daten wurden im Rahmen eines Berichts der Weltbank über die globale Bewirtschaftung von Siedlungsabfällen im 2012 erhoben. [1] Die Zahlen mussten dabei teilweise geschätzt werden, da die Daten aus einigen Ländern gar nicht vorlagen, die Daten aus verschiedenen Jahren stammen und teilweise auf leicht unterschiedlichen Bewertungsmethoden basieren. Bild 7.1 zeigt die erzeugten Abfälle pro Kopf bezogen auf das Einkommensniveau. Dabei kann festgestellt werden, dass eine Korrelation zwischen dem Einkommen und der produzierten Menge an Abfällen existiert: Je höher das Einkommen, desto mehr Abfälle werden durchschnittliche erzeugt. Die großen Spannweiten (z. B. von 0,7 bis 14 kg/Kopf/Tag für Länder mit hohem Einkommen) ergeben sich aus den Unterschieden innerhalb der Einkommensgruppen. Insbesondere bei der höchsten Einkommensgruppe ist nach oben kein Limit gesetzt. Es wird erwartet, dass die Abfallmenge in allen geografischen Gebieten und Einkommensniveaus aufgrund des Bevölkerungswachstums und der Urbanisierung zunehmen wird. Je höher jedoch das aktuelle Einkommensniveau eines Landes ist, desto geringer ist seine prognostizierte Wachstumsrate bei der Abfallerzeugung.

Die Abfalleinsammlung spielt dabei eine entscheidende Rolle für die Rückgewinnung der im Abfall vorhandenen Ressourcen. Und genau bei der *Sammelquote* ist eine große Diskrepanz zwischen den verschiedenen Einkommensklassen festzustellen. Beträgt die Sammelquote in Ländern mit niedrigem Einkommen durchschnittlich 41 %, liegt sie in Ländern mit hohem Einkommen bei durchschnittlich 98 %. Dies ist in den Kosten für die Einsammlung – vor allem verglichen mit den Gesamtkosten für die Abfallaufbereitung – verbunden. In Ländern mit hohem Durchschnittseinkommen macht die Einsammlung ca. 10 % des Abfallverarbeitungsbudget aus. In einkommensschwachen Ländern hingegen machen die Einsammlungskosten bereits 80 bis 90 % des Budgets aus, wodurch die Abfallverarbeitung zu teuer wird und Abfall durch zentrale Stellen gesammelt wird (siehe tabellarische Übersicht der europäischen Hauptstädte in Abschnitt 1.2.3). Zudem verwenden einkommensschwache Länder hauptsächlich Single-Stream- bzw. Einstrom-Recycling-Systeme, da bei diesen die Einsammlung des Abfalls deutlich kostengünstiger ist. Neben der Sammelquote hat die *Zusammensetzung der Abfälle* einen großen Einfluss auf das Potential der Abfallbehandlung. Die Zusammensetzung betrifft sowohl das Recycling als auch die produzierte Energie bei der Müllverbrennung. Zudem beeinflusst die Zusammensetzung der Abfälle die Häufigkeit der Sammlung und Entsorgung und wird durch Faktoren wie wirtschaftliche Entwicklung, Klima, Energiequellen und kulturelle Normen beeinflusst.

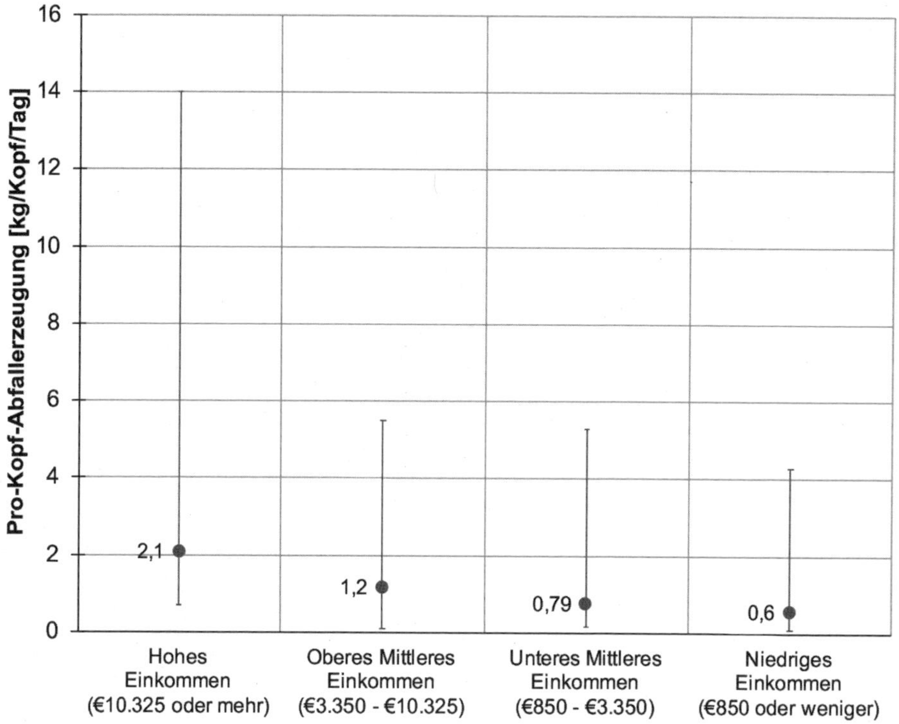

Bild 7.1 Aktuelle Abfallmenge pro Kopf nach Einkommensniveau (mit Angabe der Ober- und Untergrenze und der mittleren Abfallmenge, dargestellt durch den Punkt) [1].

Bild 7.2 zeigt die durchschnittliche Zusammensetzung von Siedlungsabfällen, aufgeteilt nach dem Einkommensniveau. So ist der organische Anteil in Ländern mit niedrigem Einkommen am höchsten und in Ländern mit hohem Einkommen am niedrigsten. Mit fortschreitender Urbanisierung und zunehmendem Wohlstand einer Bevölkerung werden mehr anorganische Materialien (z.B. Kunststoffe, Papier und Aluminium) verbraucht. In Bild 7.2 muss allerdings beachtet werden, dass hier lediglich die relative Verteilung der Abfallarten aufgezeigt ist. Dadurch, dass in einkommenshöheren Ländern mehr Abfall produziert wird, ist der absolute Anteil an organischem Abfall pro Kopf in Ländern mit hohem Einkommen im Durchschnitt dennoch 1,5-mal höher als in Ländern mit niedrigem Einkommen. Das gleiche gilt für alle anderen Fraktionen, z.B. ist die Gesamtmenge an Kunststoffabfällen und Papierabfällen 4,9-mal bzw. 22-mal höher. Geographie und Klima beeinflussen die Zusammensetzung der Abfälle. Sie bestimmt die Verwendung von Baumaterialien (z.B. Holz, Ziegel oder Stahl), Gartenbauabfällen und Aschegehalt. Letzteres bezieht sich auch auf die vorherrschende Energiequelle. Regionen, in denen Energie zum Kochen, Heizen und Beleuchten durch Kohle und Holzfeuerungen erzeugt wird, haben einen wesentlich höheren Aschegehalt. Siehe z.B. Bild 7.9, das die Aufteilung der Abfälle in China für das Jahr 2000 zeigt. Der Aschegehalt ist dabei in „Sonstige" enthalten.

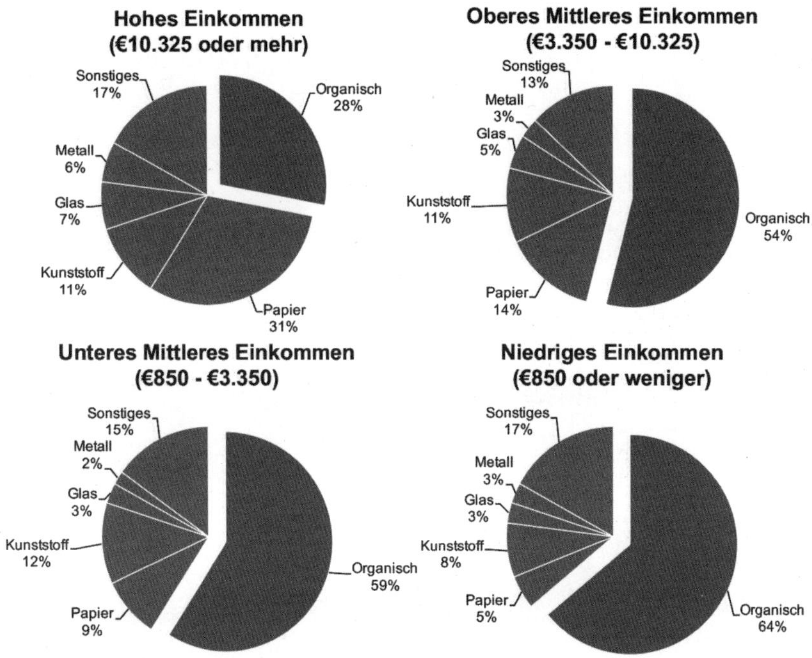

Bild 7.2 Globale Abfallzusammensetzung nach Einkommensniveau. *Organisch:* Lebensmittelreste, Gartenabfälle, Holz und Prozessrückstände; *Papier:* Papierschnipsel, Pappe, Zeitung, Zeitschriften, Taschen, Kartons und Geschenkpapier; *Kunststoff:* Flaschen, Verpackungen, Behälter, Taschen, Deckel und Becher; *Glas:* Flaschen, Glasscherben, Glühbirnen und farbiges Glas; *Metall:* Dosen, Folien, Dosen, ungefährliche Aerosoldosen, Geräte (weiße Ware), Geländer und Fahrräder; *Sonstiges:* Textilien, Leder, Gummi, Multilaminate, Elektroschrott, Geräte, Asche und andere inerte Materialien [1]

Die Entsorgungsdaten haben eine recht große Messunsicherheit, da viele Länder diese Art von Daten nicht erfassen. Zu den in der Studie betrachteten Behandlungsmaßnahmen der Siedlungsabfälle gehören Deponierung, Verbrennung mit Energierückgewinnung, Kompostierung, Recycling oder Verwertung von Abfällen und offene Verbrennung. Im Allgemeinen entsorgen die meisten Länder mit niedrigem und mittlerem Einkommen ihre Siedlungsabfälle in offenen Deponien. In einkommensstarken Ländern sind Recycling und Verbrennung mit Energierückgewinnung die gängigsten Methoden der Entsorgung von Siedlungsabfällen. Wie bereits in Kapitel 5 beschrieben führt die Ablagerung von Abfällen zu Umweltbelastungen, wie die Verunreinigung von Grund- und Oberflächenwasser durch Sickerwasser, die Bodenverunreinigung durch den Kontakt mit Abfällen oder Sickerwasser, die Luftverschmutzung durch unkontrollierte und ungefilterte Verbrennung von Abfällen, die Ausbreitung von Krankheiten, der Geruch auf Deponien und die unkontrollierte Freisetzung von Methan durch anaerobe Abfallzersetzung. [2]

Die Treibhausgase aus Siedlungsabfällen werden dabei zu einem immer größeren Problem. Schätzungen zufolge tragen Post-Consumer-Abfälle fast 5 % (1.460 $MtCO_2E$) zu der gesamten globalen Treibhausgasemission bei. Detailliertere Zahlen nach Land und Zusammensetzung sind in den Quellen [1] und [2] zu finden.

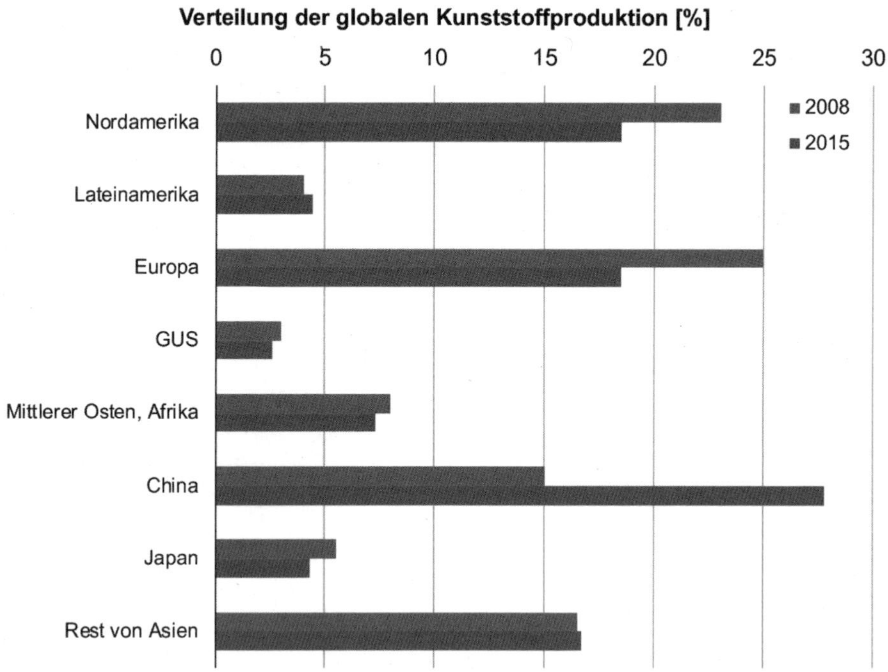

Bild 7.3 Verteilung der globalen Kunststoffproduktion in 2008 (insgesamt 245 Mt) und 2015 (insgesamt 325 Mt). [3] GUS: Gemeinschaft Unabhängiger Staaten (ehemalige Sowjetunion).

Die Abfallmenge, ihre Zusammensetzung und insbesondere die Menge an Kunststoffabfällen variieren in den verschiedenen Ländern und Regionen der Welt. Im weiteren Verlauf dieses Kapitels werden das Kunststoffrecycling in China und den

USA als größter bzw. drittgrößter Kunststoff- und Produkthersteller (zweitgrößter ist Europa) als Beispiel für detailliertere Analysen des Kunststoffrecyclings dienen. Bild 7.3 zeigt, dass der globale Kunststoffmarkt von 245 Mt im Jahr 2008 auf 325 Mt im Jahr 2015 gestiegen ist, wobei China das größte Marktwachstum zu verzeichnen hat. Dabei ist zu erwähnen, dass sowohl in Europa als auch den USA die Produktionsmenge angestiegen ist, China allerdings ein deutlich größeres Produktionswachstum zu verzeichnen hatte, weshalb sich die relativen Verhältnisse deutlich verändert haben. Generell ist der asiatische Markt stetig am Wachsen, 2017 hat er erstmals über 50 % der globalen Plastikproduktion ausgemacht. [4]

7.1 Kunststoffabfallbehandlung in den USA

Die Zunahme der Kunststoffproduktion und der Ersatz anderer Materialien in vielen Industriezweigen führt auch in den USA zu einer steigenden Menge an Kunststoffabfällen. Dabei ähnelt die Zunahme der Menge der Kunststoffabfälle, sowie die Zunahme des Anteils von Kunststoffen an den Siedlungsabfällen derer in Europa. Wie Bild 7.4 zeigt stieg die Gesamtmenge der Kunststoffabfälle in den Vereinigten Staaten zwischen 1960 und 2015 um den Faktor 80. Parallel dazu wuchs auch der Anteil der Kunststoffabfälle an den Siedlungsabfällen, was die zunehmende Bedeutung der Kunststoffabfallbehandlung in den USA zeigt. Es ist jedoch anzumerken, dass die Wachstumsquote der Menge an Kunststoffabfällen seit 2005 im Vergleich zu dem starken Anstieg zwischen 1980 und 2005 leicht abgenommen hat. [5]

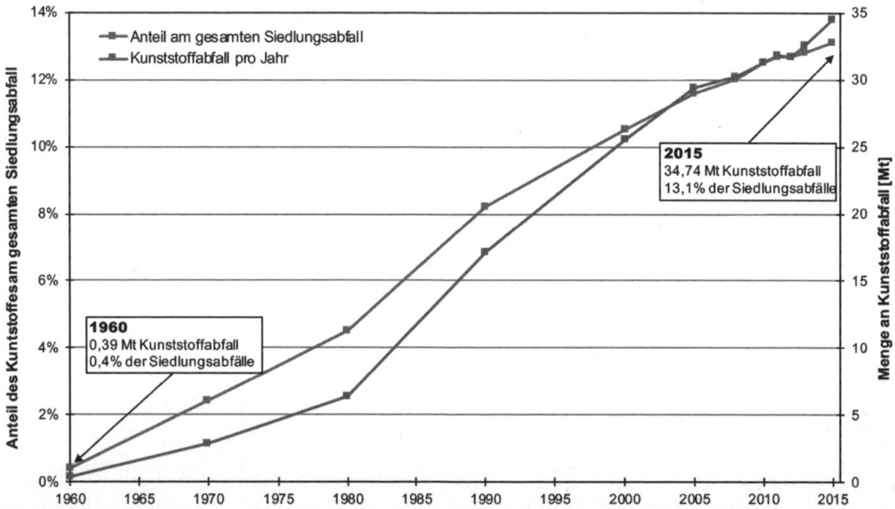

Bild 7.4 Entwicklung der jährlichen Menge der Kunststoffabfälle und des Anteils von Kunststoffen an den Siedlungsabfällen in den USA [5]

Allerdings zeigt sich bei der Kunststoffabfallbehandlung ein deutlicher Unterschied zu Europa und speziell Deutschland. Wie in Kapitel 1 und 2 dargestellt herrscht in Deutschland ein Verbot der Deponierung von Kunststoffabfällen, Recycling ist die dominierende Methode der Kunststoffbehandlung. Auch in Gesamt-Europa nimmt die Deponierung von Kunststoffabfällen immer mehr ab und machte 2015 mit 27,3 % den geringsten Anteil bei der Behandlung von Kunststoffabfällen aus. Recycling machte im selben Jahr in Europa einen Anteil von 31,0 % aus, Verbrennung mit Energierückgewinnung von 41,7 %. In den USA zeigt sich im gleichen Zeitraum ein anderes Bild. Trotz einer Zunahme der Recyclingquote in den letzten Jahren dominierte die Deponierung mit 75,4 % das Abfallmanagement von Kunststoffabfällen. Verbrennung mit Energierückgewinnung machte einen Anteil von 15,5 % aus, das Recycling lag lediglich bei 9,1 %. Die Entwicklung der Verteilung der drei maßgeblichen Abfallbehandlungsmaßnahmen von 1960 bis 2015 ist in Bild 7.5 dargestellt. [5, 6]

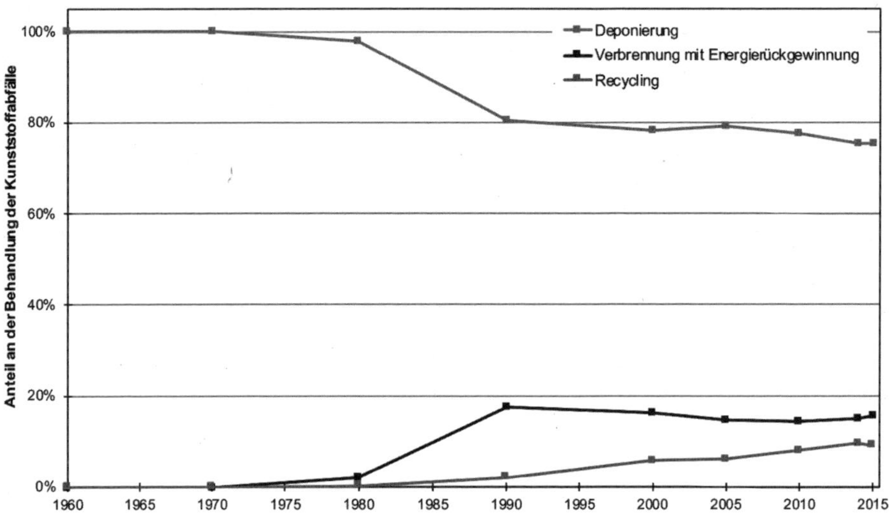

Bild 7.5 Entwicklung der Verteilung der Abfallbehandlung in den USA von 1960 bis 2015 [5, 6]

Ein Vergleich der Menge der Kunststoffabfälle mit der Gesamtmenge der in den USA zwischen 2005 und 2012 produzierten Kunststoffe zeigt zudem, dass das Verhältnis von Abfall zur Produktion von 26,8 % im Jahr 2005 auf 30 % im Jahr 2012 anstieg. Der Grund für diese Änderung ist die verkürzte Lebensdauer von Kunststoffprodukten, die durch die zunehmende Verwendung von Kunststoffen für *Einmalprodukte* (Single-Used-Products) wie Plastiktüten, Verpackungen und Behälter verursacht wird, die unmittelbar nach dem Auspacken des in ihnen aufbewahrten oder enthaltenen Produkts weggeworfen werden. Dies spiegelt sich bei der Betrachtung der Umsatzzahlen von Kunststoffen im Jahr 2015 wider, von denen die Verpackungen circa 34 % ausmachten, wie es Bild 7.6 zeigt.

Durch die kurze Lebensdauer der Verpackungsabfälle ist der Anteil der Verpackungen in den Kunststoffabfällen sogar noch höher: So wurden 14.680 Kilotonnen der insgesamt 34.500 Kilotonnen Kunststoffabfall - also - 42,5 % durch Verpackungsabfälle erzeugt. Dies wird auch bei der Betrachtung der verschiedenen Kunststoffarten im Kunststoffabfall deutlich: Wie in Kapitel 2 beschrieben sind *Polypropylen (PP)*, *Polyethylen-Low-Density (PE-LD)* und *Polyethylen-High-Density (PE-HD)* die Materialien, die am häufigsten für Verpackungsmaterial verwendet werden. Tabelle 7.1 zeigt, dass diese drei Kunststoffe knapp zwei Drittel des gesamten Kunststoffabfalls ausmachen. Allerdings sind die Recyclingraten der Post-Consumer-Abfälle von den Verpackungsmaterialien sehr gering - gerade die Recyclingquoten von PP und PE-LD mit 0,9 % und 6,2 % müssen erhöht werden damit die Gesamtrecyclingquote von 9,1 % erhöht wird. [7, 8, 9]

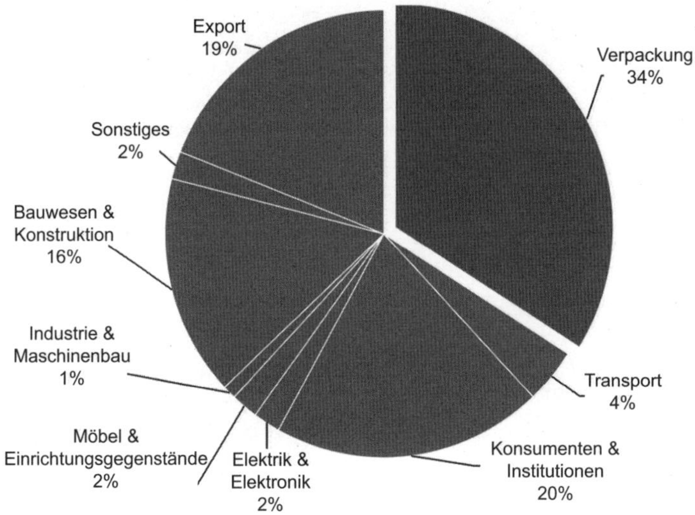

Bild 7.6 Verteilung der Umsatzzahlen von Kunststoffen im Jahr 2015

In den USA ist dabei das Single-Stream- bzw. Einstrom-Recycling der Standard, d.h. alle Materialien, die recycelbar sind (z.B. Papier, Kunststoffe, Glas) werden in einer Tonne gesammelt und schließlich in den Materialsortieranlagen (MSA) getrennt.

Die recycelten Kunststoffe werden nur teilweise in den USA direkt wiederverwendet. Bis 2017 wurden mehr als 60 % der recycelten Kunststoffabfälle exportiert, wie es in Bild 7.7 dargestellt ist. [10]

Zwischen 2017 und 2018 ist eine deutliche Verschiebung der exportierten Abfälle zwischen den Ländern zu beobachten. Durch das Einfuhrverbot von Kunststoffabfällen in China, welches in Kapitel 7.2 detaillierter thematisiert wird, wurden die US-Exporte nach China um fast 90 % reduziert. Trotz der Erhöhung der Exporte in andere Länder, insbesondere Malaysia, Thailand und Vietnam, wurden circa ein Drittel weniger Kunststoffabfälle im ersten Halbjahr 2018 im Vergleich zum ersten Halbjahr 2017 exportiert. Dies stellt die USA vor eine große Herausforderung, da im Jahr 2018 circa 600.000 Tonnen Kunststoffabfälle „übrig" waren. Für die Recyclingindustrie ist dies gleichbedeutend mit einer deutlichen Reduktion des Verkaufspreises, wodurch die Wirtschaftlichkeit des Recyclings in den USA weiter abnimmt. Entsprechend sind neue Verwertungsmöglichkeiten für Kunststoffabfälle zu entwickeln bzw. Kunststoffabfälle generell zu vermeiden. In anderen Ländern, gerade in Europa, sind hier bereits einige Maßnahmen etabliert, die auch in den USA hilfreich sein könnten. [11]

Tabelle 7.1 Anteile der verschiedenen Kunststoffarten am gesamten Kunststoffabfall im Jahr 2015

Kunststoffart	Erzeugt		Recycelt	
	Menge [kt]	Anteil am Kunststoffabfall [%]	Menge [kt]	Recyclingquote [%]
PET	5.100	14,8	940	18,4
PE-HD	6.040	17,5	620	10,3
PP	7.730	22,4	70	0,9
PE-LD/PE-LLD	7.930	23,0	490	6,2
PS	2.370	6,9	30	1,3
PVC	890	2,6	Vernachlässigbar	–
Andere Kunststoffe	4.440	12,8	990	22,5
Total	34.500	100,0	3.140	9,1

Sowohl für Glas- als auch für Kunststoffflaschen existiert ein Pfand- und Rückgabesystem. Die Kaution wird vom Verbraucher beim Kauf eines Produkts gezahlt. Sie liegt zwischen 0,15 € für Mehrwegflaschen und 0,25 € für Einwegflaschen. Die leere Flasche kann an Stationen - ähnlich wie bei Verkaufsautomaten - zurückgegeben werden. Aufgrund ihres geringen Gewichts und der Reduzierung des Einsatzes von Neukunststoffen sind die PET-Mehrwegflaschen etwas umweltfreundlicher als Mehrweg-Glasflaschen und deutlich umweltfreundlicher als Einwegflaschen. Das Pfandflaschensystem sorgt dafür, dass die Kunststoffflaschen nicht durch andere Abfälle verschmutzt werden, weshalb sie besser recycelt und auch wiederverwendet werden können. So erhöht sich die landesinterne Verwertung der recycelten Abfälle.

Ein ähnliches Zahlungssystem wird auch für Kunststofftüten verwendet. Während in den USA der Verbraucher in der Regel dazu angehalten wird, keine Kunststofftüten im Lebensmittelgeschäft zu verwenden, muss der Verbraucher in Deutschland für die Tasche bezahlen. Der Preis liegt in den meisten Geschäften zwischen wenigen Cent und 1 €. Bei mehr als 350 Unternehmen müssen Kunden seit dem Sommer 2016 Geld für eine Kunststofftüte zahlen. Händler wie Rewe, Real, Aldi oder Adidas entschieden sich sogar dafür, die Tüten komplett aus dem Sortiment zu streichen. Bereits im ersten Jahr der Verbannung ist es dem deutschen Einzelhandel gelungen, den Pro-Kopf-Verbrauch von Plastiktüten zu senken. So wurden nach Zahlen der Gesellschaft für Verpackungsmarktforschung (GVM) im Jahr 2016 rund 3,7 Milliarden Tüten an die Kunden ausgegeben. Damit verringerte sich die Abgabe der Kunststofftüten um rund 30 Prozent. Der Pro-Kopf-Verbrauch von Kunststofftüten in Deutschland sank damit von 68 auf 45. [12]

All diese Verbesserungen erfordern mechanisierte Sammlung, effizientes Recycling, Abfallbehandlungsanlagen und kontinuierliche Weiterbildung der Verbraucher. Nur dann kann die Abfallbehandlung in den USA verbessert werden.

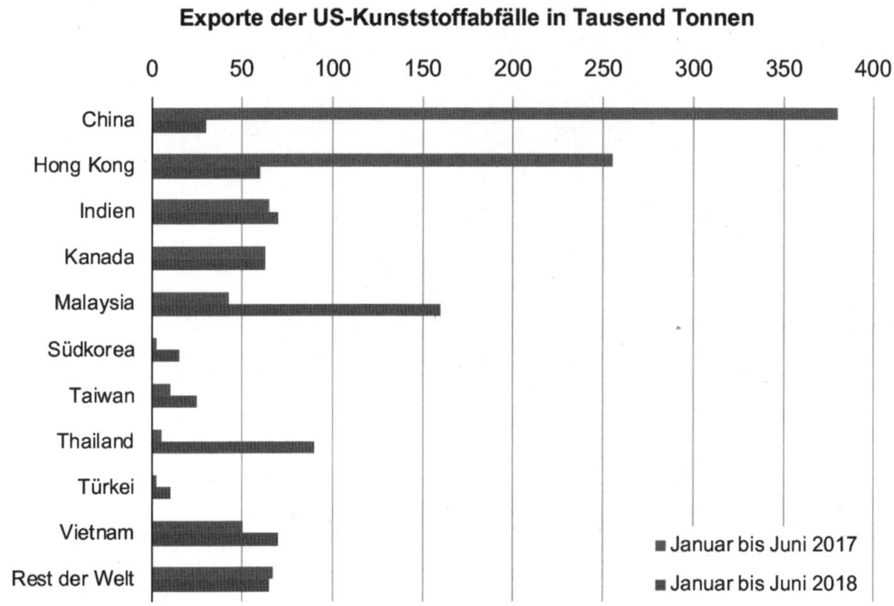

Bild 7.7 Verteilung der Exporte der US-Kunststoffabfälle nach Ländern [10]

■ 7.2 Kunststoffabfallbehandlung in China

Als Folge seines schnellen Wirtschaftswachstums hat China im Jahr 2013 erstmals alle anderen Länder und Regionen hinsichtlich der Kunststoffproduktion übertroffen und sich seitdem zum weltweit größten Hersteller von Kunststoffprodukten entwickelt. Dabei sind sowohl die Exporte gestiegen als auch der inländische Konsum überproportional angestiegen. [13]

China ist auch der Hauptmarkt für Post-Consumer-Kunststoffabfälle. Die Nachfrage nach Post-Consumer-Kunststoffabfällen verteilt sich auf sieben Hauptwirtschaftsbereiche, wobei die drei wichtigsten – Verpackung, Baugewerbe und Haushaltsgeräte – fast 80 % der Gesamtnachfrage ausmachen, wie in Bild 7.8 dargestellt ist. Es gibt jedoch unterschiedliche Schätzungen über den Saldo der Endverwendungen dieser Materialien. [14]

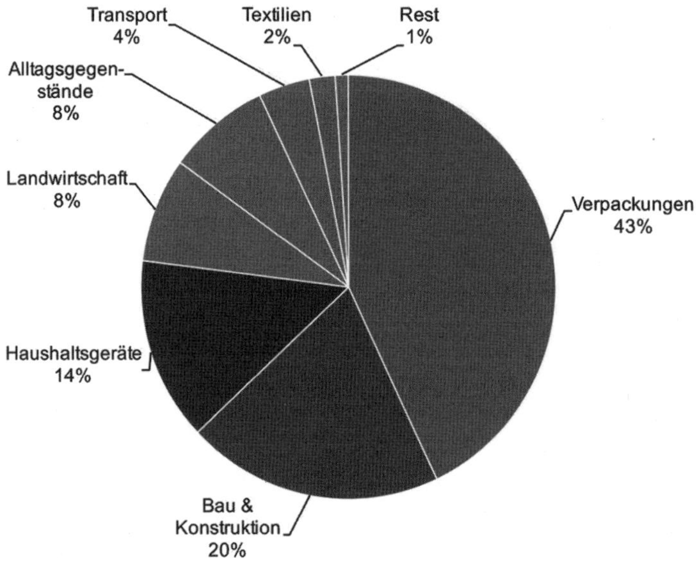

Bild 7.8 Nachfrage nach Post-Consumer-Kunststoffabfällen nach Sektoren in China im Jahr 2011 [14]

Speziell das Baugewerbe ist in China ein schnell wachsender Sektor, der etwa 20 % der Nachfrage ausmacht, vor allem zur Herstellung von Rohren und Platten. Die wichtigsten verwendeten Post-Consumer-Kunststoffabfälle sind recyceltes Polyvinylchlorid (PVC), PE und PP. Extrudierte Polystyrol (XPS)-Platten werden als Dämmmaterial für Wände und Dächer verwendet. Die wasserdichte Folie zum Schutz der Baustellen vor Witterungseinflüssen besteht aus recyceltem PE. Zudem steigt die Nachfrage nach neuen, innovativen und leichten Baustoffen, wie z. B. Holz-Kunststoff-Verbundwerkstoffen, bei denen Post-Consumer-Kunststoffabfälle (recyceltes PE und recyceltes PP) mit Holzfasern vermischt werden. [14]

Das landesinterne Recycling gestaltet sich in China an manchen Stellen allerdings deutlich schwieriger als beispielsweise in Europa und den USA. An vielen Stellen ist die Infrastruktur noch nicht so ausgebaut wie in den anderen genannten

Regionen. Der Markt für recycelte Kunststoffe wird noch immer von einer Vielzahl kleiner Hersteller und Wiederaufbereiter dominiert, die mit Low-Tech-Geräten und ohne jegliche Umweltschutzpraktiken arbeiten. Zudem produzieren sie niedrigqualitative Recyclingprodukte. So erfolgt die Einsammlung über einzelne Flaschensammler, also Menschen, die den Haushalten kleine Geldbeträge für ihre recycelbaren Produkte anbieten. Sie verkaufen sie an Recyclingbetriebe, die sie wiederum an die Wiederaufarbeitungs-Unternehmen verkaufen. Die Qualität der Recyclingsammel-Materialien variiert stark. Infolgedessen können die Aufbereiter nur minderwertige Produkte in hohen Mengen produzieren, wie z. B. Plastiktüten, Einweggeschirr und Schreibwaren. Einige dieser billigen Produkte werden nach Europa und Nordamerika zurückgeschickt. Die Mehrheit wird jedoch in China konsumiert. [16]

Die Menge und Qualität der Kunststoffabfälle werden zudem stark von der verwendeten Energiequelle beeinflusst. Bild 7.9 zeigt den Unterschied des Anteils von Kunststoffabfällen am gesamten Siedlungsabfall, je nachdem, ob Kohle oder Gas zum Heizen verwendet wird. So betrug der Anteil von Kunststoffabfällen in kohlegeheizten Haushalten 4 % der Siedlungsabfälle, was ca. 2 Mt Kunststoffabfall darstellte. In gasgeheizten Haushalten war der Anteil mit 13 % deutlich höher, was einer Menge von ungefähr 13 Mt Kunststoffabfall entspricht. Die „Sonstigen" Abfälle, die in kohlegeheizten Haushalten deutlich höher sind, enthalten indes häufig schädliche Abfälle, welche wiederum Kunststoffe kontaminieren und die Qualität senken. [22]

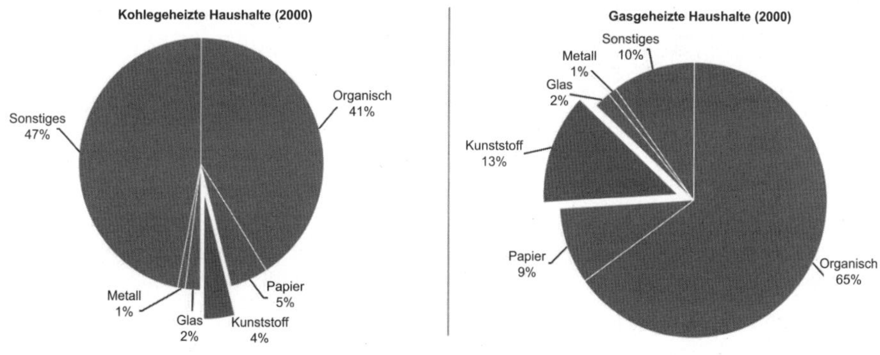

Bild 7.9 Kommunale Abfallzusammensetzung in China im Jahr 2000 nach Art der Energieerzeugung [China 3]

Aufgrund der minderwertigen einheimischen Post-Consumer-Kunststoffabfallquellen bei gleichzeitig hohem Bedarf an den Kunststoffen ist China in den ersten 15 Jahren des 21. Jahrhunderts zum größten Kunststoffimporteur der Welt geworden. Aufgrund der hohen Qualität der importierten Post-Consumer-Kunststoffabfallquellen haben es viele chinesische Recyclingbetriebe nicht in Betracht gezogen, Kunststoffabfälle im Inland zu beziehen. So war die Importquote in China – trotz eines inländischen Kunststoffabfallaufkommens von ca. 60 Mt - insbesondere bis 2009 - nur unwesentlich kleiner als die inländische Menge an recycelten Kunststoffabfällen, wie Bild 7.10 zeigt. Verbesserte Technologien und ein steigendes Umweltbewusstsein führten zwischen 2009 und 2011 zu einem Anstieg der recycelten Kunststoffmenge um 50 %, was überproportional zur Steigerung der inländischen Abfallmenge ist. Dennoch konnte nach wie vor ein Anstieg der Importquote verzeichnet werden. [14, 17, 19, 23]

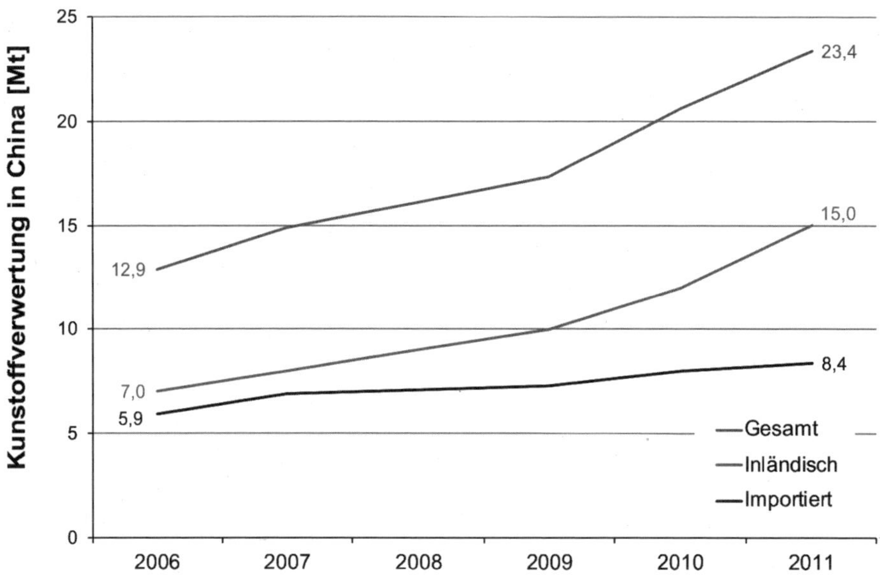

Bild 7.10 Zusammensetzung der verwendeten Post-Consumer-Kunststoffabfällen in China von 2006 bis 2011 [15]

Die Importe von Kunststoffabfall sind jedoch nicht nur für chinesische Produzenten von großer Bedeutung, sondern auch für die Länder und Regionen, die nach China exportieren. So hat China bis 2017 ca. 56 % des weltweit recycelten Kunststoffabfalls verarbeitet und gerade aus den Industrieregionen Europa und USA große Teile der recycelten Abfälle aufgekauft. [20]

Seit 2013 ist die Importquote an Post-Consumer-Kunststoffabfällen - trotz nach wie vor steigenden Bedarfes - jedoch rückläufig. Dies ist auf eine Initiative der Operation Green Fence aus dem Jahr 2010 zurückzuführen: Die Initiative verfolgt das Ziel, die Menge der nach China importierten Kunststoffabfälle mit schlechter Qualität zu reduzieren und dafür bereits sortierte bzw. sortenreine Kunststoffe zu importieren. Dies hat zur Folge, dass im Zeitraum von Januar bis April 2016 insgesamt 2 Mio. t Post-Consumer-Kunststoffabfälle importiert wurden was einem Rückgang von 11 % gegenüber dem gleichen Zeitraum im Jahr 2015 entspricht. [16, 17, 18]

Im Jahr 2017 wurde dieses Gesetz deutlich angezogen und ein strengeres, dauerhaftes Verbot von nicht-industriellen Kunststoffimporten eingeführt. Die Entscheidung erschütterte das globale Recyclingsystem und läutete eine neue Ära in der Abfallwirtschaft ein. So sind viele Industrienationen der Welt, darunter die USA, Kanada, Europa, Japan und Südkorea, gezwungen, nach neuen Verwertungsmöglichkeiten für ihre Recycling-Abfälle zu suchen. Bereits im ersten Jahr des Banns zeigten sich die Ausmaße dieser Entscheidung: Wie bereits in Bild 7.7 dargestellt zeigt ein Vergleich der Kunststoffexporte von Januar bis Juni 2017 und Januar bis Juni 2018 in den USA, dass die exportierte Menge an Kunststoffabfällen um ca. ein Drittel abgenommen hat, nämlich von 950.000 Tonnen auf 660.000 Tonnen. Die Differenz entspricht nahezu der Abnahme der US-Exporte nach China, welche einen Rückgang von 380.000 Tonnen (Januar bis Juni 2017) auf 35.000 Tonnen (Januar bis Juni 2018) zu verzeichnen hatte. Eine gleiche Tendenz zeigt sich in Europa. So sind die Exporte im Vereinigten Königreich von ca. 90.000 Tonnen von Januar bis April 2017 auf ca. 1.500 Tonnen von Januar bis April 2018 zurückgegangen. So wurden Teile des Abfalls in andere, primär asiatische, Länder, exportiert (z.B. Malaysia, Taiwan, Vietnam, Indonesien). In diesen Ländern wird der Abfall jedoch häufig mit offenen Feuern verbrannt und die Abfallproblematik lediglich verlagert, wenn nicht sogar verschlimmert. [10, 19, 20, 21].

Und die neuen Maßnahmen müssen schnell entwickelt werden, da je nach der Strenge, mit der China den Importbann durchsetzen wird, die kumulative Verdrängung von globalen Kunststoffabfällen bis 2030 bis auf geschätzte 110 Millionen Tonnen anwächst. Bild 7.11 stellt dies für drei Szenarien dar, nämlich für die Annahme eines 50-, 75- und 100-prozentigen Importverbotes [19].

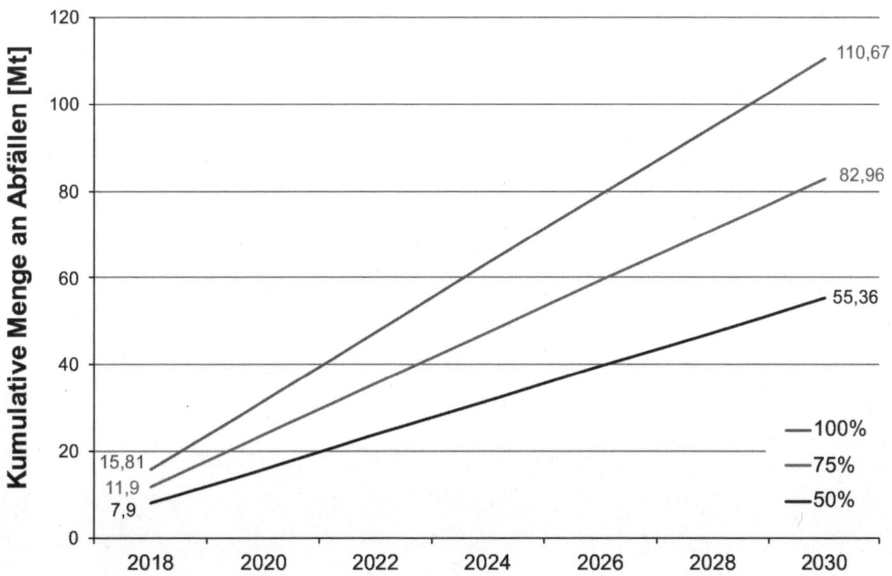

Bild 7.11 Kumulative Menge an Kunststoffabfälle, die infolge des chinesischen Einfuhrverbots, dargestellt für drei mögliche Einfuhrverbotsszenarien (50 %, 75 % und 100 %) [15]

Trotz des Einfuhrverbotes für Kunststoffabfälle wird China bis 2030 den Bedarf an Post-Consumer-Abfällen voraussichtlich vollständig durch inländisches Recycling abdecken können. Die vorhergesagte Siedlungsabfall-Zusammensetzung in China im Jahr 2030 ist in Bild 7.12 dargestellt. Bei einem prognostizierten Abfallaufkommen von 485 Millionen Tonnen in 2030 mit insgesamt 14 % Kunststoffabfall bedeutet dies 68 Tonnen Kunststoffabfälle pro Jahr in China. Mit der zunehmenden Effizienz des Sammelprozesses hat dies ein enormes Potenzial, den Bedarf Chinas an Kunststoffabfällen im Inland zu decken.

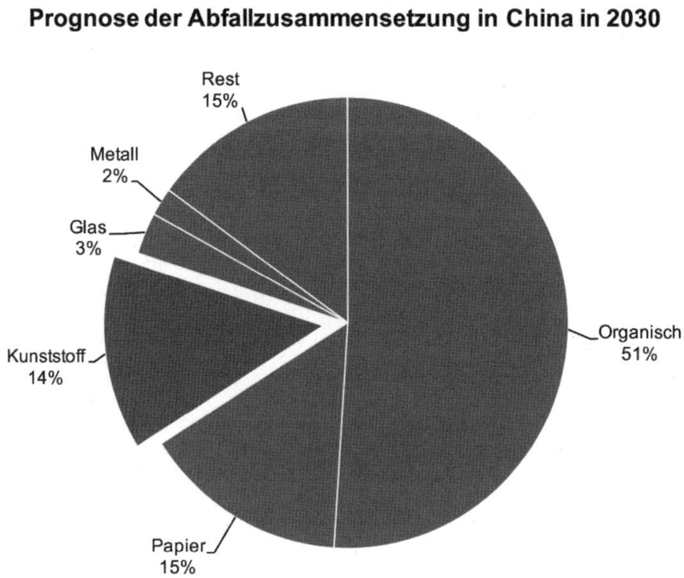

Bild 7.12 Geschätzte Zusammensetzung der kommunalen Siedlungsabfälle in China im Jahr 2030 [22]

Damit ist China nicht nur in der Produktion von Kunststoffprodukten, sondern auch in der Produktion von Kunststoffabfällen weltweit führend. Aufgrund der derzeit geringen Recyclingquoten der inländischen Kunststoffabfälle ist China zudem für schätzungsweise 28 % der Kunststoffabfälle in den Gewässern der Welt verantwortlich. Bei einem prognostizierten Anstieg der chinesischen Bevölkerung um 300 Millionen Bewohner bis 2025 und der damit verbundenen Steigerung der Kunststoffabfälle auf knapp 70 Millionen Tonnen bis 2030 wird eine ordnungsgemäße Abfallwirtschaft in China eine zentrale Rolle spielen – für China selbst und die ganze Welt. Wichtig dabei ist die Einhaltung gewisser Qualitätsstandards beim Recycling: Aktuell fügen viele chinesische Recyclingunternehmen während des Aufbereitungsprozesses hohe Mengen an Zusatzstoffen, wie z. B. billige Fluortenside, den Kunststoffen zu. Dies verbessert zwar die Materialeigenschaften, ist jedoch sehr umweltschädlich, wenn das Material erneut recycelt werden soll. Die durch Zusatzstoffe ergänzten Materialien sind nämlich nahezu unmöglich zu recyceln, wodurch wertvolle Ressourcen verloren gehen. [13, 24]

Shanghai hat dabei als erste Stadt im Juni 2019 eine große Recyclinginitiative ins Leben gerufen, die sich auf die Mülltrennung beim Endverbraucher auswirkt. Wurden vorher alle Siedlungsabfälle in einer Tonne entsorgt, hat Shanghai nun vier Tonnen eingeführt Eine Tonne für trockenen Restmüll, eine Tonne für feuchten Restmüll, eine Tonne für Gefahrenstoffe und eine Tonne für Recycling-Material. Die Entleerung der Tonnen findet jeden Tag statt. Außerdem sind nach Medienberichten rund 30.000 freiwillige Helfer unterwegs, um den Shanghaiern das Mülltrennen zu erklären. Erste positive Effekte konnten schnell festgestellt werden, speziell hinsichtlich der Reduktion des Abfalls auf den Straßen. [28]

Trotz verbesserter Recyclingprozesse und Abfalleinfuhrverbote ist die Abfallproblematik in China nach wie vor sehr groß. Die Vielzahl der Deponien gilt es schnellstmöglich zu reduzieren. Aus diesem Grund investierte China in den letzten Jahren stark in die Abfallverbrennung mit Energierückgewinnung. Dies löst die Problematik der Deponieraumbegrenzung. Zudem dient der Verbrennungsprozess als wichtige Energiequelle. Mittlerweile verfügt China über 300 Verbrennungsanalagen mit Energierückgewinnung, was der größten Anzahl weltweit entspricht. Diese große Anzahl ist die Folge des starken Ausbaus in den letzten fünf Jahren, indem die Anlagenanzahl um jährlich 26 % gestiegen ist. Im Vergleich dazu konnte in den OECD-Ländern im gleichen Zeitraum eine Zunahme von durchschnittlich 4 % verzeichnet werden. Dabei setzt China auf große, innovative Anlagen, wie sich bei der *„Shenzhen East Waste-to-Energy Plant“* zeigt. Diese Anlage soll 2020 in Betrieb gehen und wird mit einer Müllverarbeitungsmenge von 5.000 Tonnen pro Tag die größte der Welt sein. Zudem soll das 66.000 m^2 große Dach mit bis zu 44.000 m^2 Photovoltaikmodulen bedeckt sein und bietet der Anlage die Möglichkeit, nicht nur eine sauberere Behandlung der städtischen Abfälle zu ermöglichen, sondern auch zur Bereitstellung erneuerbarer Energien für die Stadt beizutragen. [25]

Allerdings ist bei der Verbrennung - wie beim Recycling - auch auf die Sauberkeit und Effizienz des Prozesses zu achten. Einmal reduziert der unsortierte Siedlungsabfall mit hohem Anteil an feuchtem organischem Material die Effizienz der Verbrennung, wie in der wirtschaftlichen Analyse in Abschnitt 4.3 ausführlich erläutert wird. Für die Verbrennung von feuchtem Abfall wird deutlich mehr Brennstoff benötigt, was die Kosten erhöht und die Gewinne aus der Energieerzeugung verringert oder sogar zunichtemacht. Ein weiteres Problem ist die schlechte Regulierung der Müllverbrennungsanlagen in China. Zwar existieren bereits, wie am Beispiel der Anlage Shenzhen East Waste-to-Energy gezeigt, hochinnovative Anlagen, allerdings sind auch noch sehr schlecht regulierte Anlagen in Betrieb. Die daraus resultierende toxische Luftverschmutzung führt wiederum zu Umwelt- und Gesundheitsproblemen. Eine Alternative bzw. Ergänzung zur Verbrennung ist die Verwendung anaerober Bakterien zur Zersetzung organischer Abfälle und sogar zur Abtrennung des Methans als Kraftstoffquelle, was in letzter Zeit ein gewisses Interesse geweckt hat. [16, 26, 27]

7.3 Kunststoffabfälle in der Zukunft

Durch das globale Wachstum und die vielfältige Anwendung von Kunststoffmaterialien in vielen Industriezweigen hat die Erzeugung von Kunststoffabfällen zugenommen. Von 1950 bis 2012 betrug das Wachstum der Branche durchschnittlich 8,7 % pro Jahr, was einem Gesamtanstieg von 1,7 Mio. t im Jahr 1950 auf 322 Mio. t im Jahr 2015 entspricht. Parallel dazu wuchs auch der Anteil von Kunststoff in den Siedlungsabfällen, was die zunehmende Bedeutung von Kunststoffen im täglichen Leben unterstreicht. Im Jahr 2017 verbrauchte ein Durchschnittsbürger, der in Westeuropa oder Nordamerika lebt, jedes Jahr circa 100 kg Kunststoff, meist in Form von Verpackungen. In Asien ist der Verbrauch mit 20 kg pro Person im gleichen Zeitraum deutlich geringer. Durch das Wirtschaftswachstum in Asien wird diese Zahl voraussichtlich schnell wachsen, denn wie zu Beginn des Kapitels 7 dargestellt steht das Einkommensniveau in direktem Zusammenhang mit der Menge an Kunststoff in den Siedlungsabfällen. Zudem trägt die zunehmende Urbanisierung zur Erhöhung der Kunststoffmenge im Abfall bei, da die Abfallmengen in den städtischen Zentren deutlich höher sind. Heute leben mehr als 50 % der Weltbevölkerung in Städten, gerade in Asien wächst der Urbanisierungsgrad rasant. Bis 2050 werden so viele Menschen in Städten leben wie die Bevölkerung der ganzen Welt im Jahr 2000. Dies wird die Abfallentsorgung vor neue Herausforderungen stellen. [1, 29]

Wie in Kapitel 4 dargestellt, hat die Rückgewinnung von Kunststoff aus dem Abfallstrom zum Recycling oder zur Verbrennung mit Energierückgewinnung das Potenzial, diese Probleme zu minimieren. Bis heute werden nur etwa 10 % bzw. 30 % des Kunststoffs den Siedlungsabfällen in den USA bzw. Europa recycelt. Darüber hinaus wird ein Großteil des zurückgewonnenen Kunststoffs in Länder mit niedrigeren Umweltauflagen exportiert, was am Beispiel Chinas dargestellt wurde. [29]

Kapitel 5 erklärt, warum das Recycling eine wichtige Methode zur Handhabung unserer Kunststoffabfälle ist, auch wenn der Prozess derzeit nicht rentabel ist. Die beiden Optimierungsszenarien in Kapitel 6 zeigten jedoch, dass das Kunststoffrecycling das Potenzial hat, profitabel zu sein, wenn der Prozess geändert oder erweitert wird. In Zukunft wird sich dieses Potenzial weltweit erhöhen.

Basierend auf den Wachstumsprognosen werden Bürger und Unternehmen wahrscheinlich mehr Verantwortung für die Abfallerzeugung und -entsorgung übernehmen müssen, insbesondere im Hinblick auf Produktdesign und Abfalltrennung. Die zunehmende Digitalisierung kann hierbei eine entscheidende Rolle spielen: Sie ermöglicht einen Informationsfluss über den gesamten Produktlebenszyklus, sodass das Recycling beispielsweise über Scanner-Verfahren erfolgen kann. So könnten PP und PE-LD, die aufgrund der ähnlichen Dichte aktuell schwierig trennbar sind, verhältnismäßig einfacher identifiziert und recycelt werden. [1, 30]

Bild 7.13 zeigt eine weitere Perspektive des wirtschaftlichen Potenzials des Kunststoffrecyclings, das Project MainStream - eine branchenübergreifende, globale Initiative, die 2014 vom Weltwirtschaftsforum, der Ellen MacArthur Foundation und McKinsey & Company ins Leben gerufen wurde. Derzeit werden weltweit nur 5 % des Materialwertes von Kunststoffverpackungen nach einem Gebrauch erfasst, was 4 bis 6 Milliarden Dollar pro Jahr entspricht. Diese 5 % setzen sich aus dem erwirtschafteten Ertrag und dem Anteil an recyceltem Material zusammen. Der derzeitige tatsächliche Ertrag des Recyclings beträgt 36 %. Durch das Mischen von Kunststoffen wie PE-LD und PP während des Recyclings und die damit verbundene Verbesserung der Eigenschaften des recycelten Materials kann dieser Ertrag deutlich gesteigert werden. Darüber hinaus liegt die aktuelle weltweite Kunststoff-Recyclingquote bei nur 14 %. Hebel für eine höhere Recyclingquote sind Sekundärmärkte, ein globales Kunststoffprotokoll, technologische Innovationen und Aktivierungsmaßnahmen. Durch die Erhöhung sowohl des Ertrages, als auch der Recyclingquote könnte der erfasste Materialwert zwischen 80 und 120 Milliarden Dollar pro Jahr liegen. [29]

Diese Potenzialanalyse spiegelt die Ergebnisse in Kapitel 6 wider: Recycling ist nicht nur die beste Methode der Abfallbehandlung für unsere Umwelt, sondern auch sein wirtschaftliches Potenzial ist hoch. Es ist die Pflicht unserer Gesellschaft, das maximale Potenzial des Kunststoffrecyclingprozesses zu nutzen.

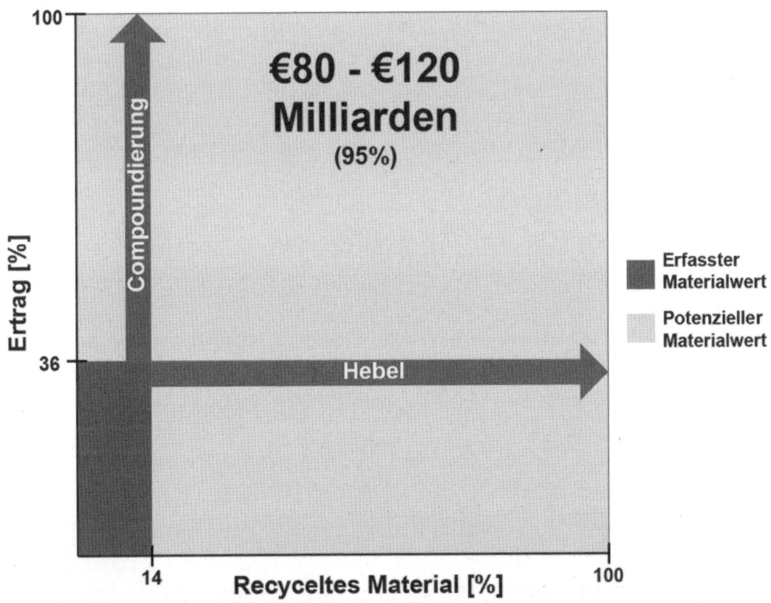

Bild 7.13 Weltweites, wirtschaftliches Potenzial der Verwertung von Kunststoffabfällen [29]

Literatur zu Kapitel 7

[1] Hoornweg, D., and Bhada-Tata, P. What a waste: a global review of solid waste management. *Urban Development Series Knowledge Papers.* 15. Auflage, S. 1-98, 2012.

[2] Karak, T., Bhagat, R., and Bhattacharyya, P. Municipal solid waste generation, composition, and management: the world scenario. *Critical Reviews in Environmental Science and Tech-nology.* 42. Auflage, S. 1509-1630, 2012.

[3] PlasticsEurope. *Plastics–the Facts 2016.* Brüssel, Belgien. 2016.

[4] PlasticsEurope. *Plastics–the Facts 2018.* Brüssel, Belgien. 2019.

[5] United States Environmental Protection Agency (EPA). *Plastics: Material-Specific Data.* URL: https://www.epa.gov/facts-and-figures-about-materials-waste-and-recycling/plastics-material-specific-data [Stand: 17.08.2019]

[6] United States Environmental Protection Agency (EPA). *Advancing Sustainable Materials Management: Facts and Figures 2015. Assessing Trends in Material Generation, Recycling and Disposal in the United States.* 2017.

[7] United States Environmental Protection Agency (EPA). *Advancing Sustainable Materials Management: Facts and Figures 2013. Assessing Trends in Material Generation, Recycling and Dis-posal in the United States.* Washington, D. C. 2015.

[8] American Chemistry Council, Economics & Statistics Department. *Plastic Resins in the United States.* Washington, D. C. 2013.

[9] United States Environmental Protection Agency (EPA). *Advancing Sustainable Materials Management: 2013 Fact Sheet. Assessing Trends in Material Generation, Recycling and Disposal in the United States.* Washington, D. C. 2015.

[10] Clarke, J. S. and Howard, E. *US Plastic Waste Exports to Developing Countries, Causing Environmental Problems at Home and Abroad.* URL: https://unearthed.greenpeace.org/2018/10/05/plastic-waste-china-ban-united-states-america/ [Stand: 16.08.2019]

[11] Dell, J. *157,000 Shipping Containers of U. S. Plastic Waste Exported to Countries with Poor Waste Management in 2018.* URL: https://www.plasticpollutioncoalition.org/blog/2019/3/6/157000-shipping-containers-of-us-plastic-waste-exported-to-countries-with-poor-waste-management-in-2018 [Stand: 17.08.2019]

[12] Die Welt. *Rewe verbannt die Plastiktüte für Obst und Gemüse.* URL: https://www.welt.de/wirtschaft/article170074942/Rewe-verbannt-die-Plastiktuete-fuer-Obst-und-Gemuese.html [Stand: 17.08.2019]

[13] Collective Responsibility. *Plastic Waste In China.* Shanghai, China. Access Date: 2016/12/05 Available http://www.coresponsibility.com/plastic-waste-in-china/

[14] Waste and Resource Action Programme (WRAP). *The Chinese markets for recovered paper and plastics–an update.* Market situation report. pp. 1-15, Spring 2011.

[15] Velis, C. *Global recycling markets: plastic waste: A story for one player–China.* International Solid Waste Association. Vienna, Austria. 2014.

[16] Koty, A. C. *Trash or Treasure?–Prospects for China's Recycling Industry.* China Briefing, Dezan Shira & Associates. pp. 1-7, 2016.

[17] Waste and Resource Action Programme (WRAP). *Plastics Market Situation Report. Spring 2016.* pp. 1-29.

[18] The World Bank. *Decision Makers' Guide to Municipal Solid Waste Incineration.* The World Bank, Washington, D. C. 1999.

[19] Brooks, A. L., Wang, S., & Jambeck, J. R. *The Chinese import ban and its impact on global plastic waste trade.* 2018.

[20] Deutsche Welle. *After China's import ban, where to with the world's waste?* URL: https://www.dw.com/en/after-chinas-import-ban-where-to-with-the-worlds-waste/a-48213871 [Stand: 16.08.2019]

[21] Financial Times. *Plastic waste export tide turns to south-east Asia after China ban.* Access Date: 16.08.2019. Available: https://www.ft.com/content/94ee72d0-6f26-11e8-852d-d8b934ff5ffa [Stand: 16.08.2019]

[22] The World Bank. *Waste Management in China: Issues and Recommendations: May 2005.* Urban Development Working Papers, East Asia Infrastructure Department, The World Bank, Washington, D. C. Working Paper No. 9. 2005.

[23] Waste and Resource Action Programme (WRAP). *Market Snapshot – June 2016.* 2016.

[24] Jambeck, J. R., Geyer, R., Wilcox, C., Siegler, T. R., Perryman, M., Andrady, A., Narayan, R., and Law, K. L. Marine pollution: plastic waste inputs from land into the ocean. *Science.* vol. 347, pp. 768–771, 2015.

[25] Wood, J. *This Chinese megacity is building a giant waste-to-energy plant.* World Economic Forum. URL: https://www.weforum.org/agenda/2019/07/one-of-china-s-biggest-megacities-is-building-a-giant-waste-to-energy-plant [Stand: 17.08.2019]

[26] Look, M. *Trash Planet: China.* Earth 911. pp. 1–11, 2009.

[27] Engberg, G. Review of Mitchell Young: *Garbage and Recycling.* In: *Booklist.* vol. 104, p. 35, 2007.

[28] Wurzel, S. //www.tage *Shanghai entdeckt das Recycling - Umdenken bei der Entsorgung.* URL: https:sschau.de/ausland/china-recycling-101~amp.html [Stand: 17.08.2019]

[29] Project MainStream *The New Plastics Economy: Rethinking the Future of Plastics.* Ellen Mac-Arthur Foundation, The World Economic Forum, and McKinsey & Company. 2016.

[30] Bundesverband Sekundärrohstoffe und Entsorgung. *Digitalisierung für mehr Kreislaufwirtschaft.* URL: https://www.bvse.de/recycling/recycling-nachrichten/2061-digitalisierung-fuer-mehr-kreislaufwirtschaft.html [Stand: 17.08.2019]

8 Anhang

Dieses Kapitel beinhaltet die detaillierten Zahlen und Berechnungen der ökonomischen Analyse aus Kapitel 4 und der Optimierungsmöglichkeiten aus Kapitel 6.

Da diese Berechnungen auf einigen Annahmen beruhen (z. B. Wirkungsgrade, Größe der Anlagen, Abfallkapazität, Gehälter) ermöglichen die Tabellen verschiedene Szenarien für Deponierung, Verbrennung mit Energierückgewinnung und Recycling zu betrachten.

Die Excel Tabellen, die für die Analyse genutzt wurden, können unter folgendem Link heruntergeladen werden: https://files.hanser.de/Files/Article/ARTK_GCL_9783446458802_0001.zip Die Tabellen sind veränderbar und erlauben Ihnen, die gewünschten Szenarien zu berechnen.

8.1 Ökonomische Analyse der Deponierung

Tabelle 8.1 Ökonomische Analyse der Deponierung: Baukosten (Metrisch)

Gebäude	Fläche [m²]	Kosten [€/m²] Min.	Max.	Average	Gesamtkosten [€] Min.	Max.	Average
Instandhaltungsgebäude	929	484,36	678,11	581,24	450.000,00	630.000,00	540.000,00
Bürogebäude	279	581,24	968,73	774,98	162.000,00	270.000,00	216.000,00
Schäfte und Geräteschuppen	93	96,87	193,75	145,31	9.000,00	18.000,00	13.500,00
IT	**Stückzahl**	**Kosten pro Einheit [€/Stück] Min.**	**Max.**	**Average**	**Gesamtkosten [€] Min.**	**Max.**	**Average**
Computersysteme	1	45.000,00	67.500,00	56.250,00	45.000,00	67.500,00	56.250,00
Modulare Fahrzeugwaagen	1	45.000,00	67.500,00	56.250,00	45.000,00	67.500,00	56.250,00
Straßen	**Fläche [m²]**	**Kosten [€/m²] Min.**	**Max.**	**Average**	**Gesamtkosten [€] Min.**	**Max.**	**Average**
Zufahrtsstraßen am Rande (Schotter)	11.149	9,69	19,37	14,53	108.000,00	216.000,00	162.000,00
Zufahrtsstraßen am Rande (Asphalt)	0	58,12	87,19	72,65	0,00	0,00	0,00
Sicherheitsbarriere	**Länge [m]**	**Kosten [€/m] Min.**	**Max.**	**Average**	**Gesamtkosten [€] Min.**	**Max.**	**Average**
Zäune	1.829	29,53	59,05	44,29	54.000,00	108.000,00	81.000,00
Tore	2	2.952,72	5.905,44	4.429,08	4.500,00	9.000,00	6.750,00
Zaunpfähle (60 m Intervalle) [Stücke]	30	9,00	18,00	13,50	270,00	540,00	405,00
Reinigung	**Stückzahl**	**Kosten pro Einheit [€/Stück] Min.**	**Max.**	**Average**	**Gesamtkosten [€] Min.**	**Max.**	**Average**
Radwaschanlage	1	180.000,00	225.000,00	202.500,00	180.000,00	225.000,00	202.500,00
Liner-Construction	**Fläche [m²]**	**Kosten [€/m²] Min.**	**Max.**	**Average**	**Gesamtkosten [€] Min.**	**Max.**	**Average**
Vorbereitungen	13,56	2.223,9	6.671,85	4.447,90	30.150,00	90.450,00	60.300,00
Standortgutachten	13,56	11.119,74	17.791,59	14.455,67	150.750,00	241.200,00	195.975,00
Ausgrabung	13,56	222.394,87	733.903,06	478.148,96	3.015.000,00	9.949.500,00	6.482.250,00
Grenzberme	13,56	22.239,49	35.583,18	28.911,33	301.500,00	482.400,00	391.950,00
Tonauskleidung	13,56	71.166,36	360.279,68	215.723,02	964.800,00	4.884.300,00	2.924.550,00
Geomembrane	13,56	53.374,77	77.838,20	65.606,49	723.600,00	1.055.250,00	889.425,00
Geokomposition	13,56	73.390,31	97.853,74	85.622,02	994.950,00	1.326.600,00	1.160.775,00
Körniger Boden	13,56	106.749,54	142.332,71	124.541,13	1.447.200,00	1.929.600,00	1.688.400,00
Sickerwasseranlage	13,56	17.791,59	26.687,38	22.239,49	241.200,00	361.800,00	301.500,00
QA/ QC	13,56	166.796,15	222.394,87	194.595,51	2.261.250,00	3.015.000,00	2.638.125,00
Gesamtkosten					**11.188.170,00**	**24.947.640,00**	**18.067.905,00**

Tabelle 8.2 Ökonomische Analyse der Deponierung: Baukosten (Angloamerikanisch)

Gebäude	Fläche [ft²]	Kosten [€/ft²] Min.	Max.	Average	Gesamtkosten [€] Min.	Max.	Average
Instandhaltungsgebäude	10.000	45,00	63,00	54,00	450.000,00	630.000,00	540.000,00
Bürogebäude	3.000	54,00	90,00	72,00	162.000,00	270.000,00	216.000,00
Schäfte und Geräteschuppen	1.000	9,00	18,00	13,50	9.000,00	18.000,00	13.500,00
IT	**Stückzahl**	**Kosten pro Einheit [€/Stück] Min.**	**Max.**	**Average**	**Gesamtkosten [€] Min.**	**Max.**	**Average**
Computersysteme	1	45.000,00	67.500,00	56.250,00	45.000,00	67.500,00	56.250,00
Modulare Fahrzeugwaagen	1	45.000,00	67.500,00	56.250,00	45.000,00	67.500,00	56.250,00
Straßen	**Fläche [ft²]**	**Kosten [€/ft²] Min.**	**Max.**	**Average**	**Gesamtkosten [€] Min.**	**Max.**	**Average**
Zufahrtsstraßen am Rande (Schotter)	120.000	0,90	1,80	1,35	108.000,00	216.000,00	162.000,00
Zufahrtsstraßen am Rande (Asphalt)	0	5,40	8,10	6,75	0,00	0,00	0,00
Sicherheitsbarriere	**Länge [m]**	**Kosten [€/ft] Min.**	**Max.**	**Average**	**Gesamtkosten [€] Min.**	**Max.**	**Average**
Zäune	6.000	9,00	18,00	13,50	54.000,00	108.000,00	81.000,00
Tore	5	900,00	1.800,00	1.350,00	4.500,00	9.000,00	6.750,00
Zaunpfähle (60 m Intervalle) [Stücke]	30	9,00	18,00	13,50	270,00	540,00	405,00
Reinigung	**Stückzahl**	**Kosten pro Einheit [€/Stück] Min.**	**Max.**	**Average**	**Gesamtkosten [€] Min.**	**Max.**	**Average**
Radwaschanlage	1	180.000,00	225.000,00	202.500,00	180.000,00	225.000,00	202.500,00
Liner-Construction	**Fläche [Acre]**	**Kosten [€/Acre] Min.**	**Max.**	**Average**	**Gesamtkosten [€] Min.**	**Max.**	**Average**
Vorbereitungen	33,50	900,00	2.700,00	1.800,00	30.150,00	90.450,00	60.300,00
Standortgutachten	33,50	4.500,00	7.200,00	5.850,00	150.750,00	241.200,00	195.975,00
Ausgrabung	33,50	90.000,00	297.000,00	193.500,00	3.015.000,00	9.949.500,00	6.482.250,00
Grenzberme	33,50	9.000,00	14.400,00	11.700,00	301.500,00	482.400,00	391.950,00
Tonauskleidung	33,50	28.800,00	145.800,00	87.300,00	964.800,00	4.884.300,00	2.924.550,00
Geomembrane	33,50	21.600,00	31.500,00	26.550,00	723.600,00	1.055.250,00	889.425,00
Geokomposition	33,50	29.700,00	39.600,00	34.650,00	994.950,00	1.326.600,00	1.160.775,00
Körniger Boden	33,50	43.200,00	57.600,00	50.400,00	1.447.200,00	1.929.600,00	1.688.400,00
Sickerwasseranlage	33,50	7.200,00	10.800,00	9.000,00	241.200,00	361.800,00	301.500,00
QA/ QC	33,50	67.500,00	90.000,00	78.750,00	2.261.250,00	3.015.000,00	2.638.125,00
Gesamtkosten					**11.188.170,00**	**24.947.640,00**	**18.067.905,00**

Tabelle 8.3 Ökonomische Analyse der Deponierung: Betriebskosten

Personal	Einheiten	Stückkosten [€/Einheit]	Gesamtkosten [€]
Gebäudemanager	2	89.033,00	178.066,00
Anlagenbetreiber	4	59.455,00	237.820,00
Waagenhausbetreuer	2	37.428,00	74.856,00
Allgemeine Arbeiter	4	29.539,00	118.156,00
Betriebskosten der Anlage	**Gebrauch [h]**	**Kosten pro Einheit [€/h]**	**Gesamtkosten [€]**
Bulldozer	3.180	55,00	174.900,00
Verdichter	3.180	50,00	159.000,00
Frontlader	3.180	50,00	159.000,00
Bodenhobel	3.180	30,00	95.400,00
Vor-Ort-Reparaturen und Wartung	**Einheiten**	**Kosten/Einheit [€/Einheit]**	**Gesamtkosten [€]**
Zufahrtsstraßen am Rande (Schotter)	1	160.000,00	160.000,00
Sickerwassergewinnung und -behandlung	**Gallons**	**Kosten pro Liter [€/L]**	**Gesamtkosten [€]**
Sammlung und Behandlung von Sickerwasser	1.500.000,00	0,02	27.000,00
Sonstiges			**Gesamtkosten [€]**
Umweltprobenahme und -überwachung			54.000,00
Ingenieurleistungen			108.000,00
Betriebskosten pro Jahr [€]			**1.622.470,00**
Gesamtbetriebskosten der Deponie [€]			**17.847.170,00**

Tabelle 8.4 Ökonomische Analyse der Deponierung: Stillegungskosten (Metrisch)

Aufgabe	Fläche [m²]	Kosten [€/m²]			Gesamtkosten [€]		
		Min.	Max.	Durchschnitt	Min.	Max.	Durchschnitt
Abschlussgutachten	13,76	6.671,85	13.343,69	10.007,77	91.800,00	183.600,00	137.700,00
Gasmanagement-Schicht	13,76	53.374,77	71.166,36	62.270,56	734.400,00	979.200,00	856.800,00
Verdichtete Keramikabdeckung	13,76	57.822,67	113.421,38	85.622,02	795.600,00	1.560.600,00	1.178.100,00
Geomembran	13,76	40.031,08	51.150,82	45.590,95	550.800,00	703.800,00	627.300,00
Geokomposit	13,76	73.390,31	97.853,74	85.622,02	1.009.800,00	1.346.400,00	1.178.100,00
Bedeckung und vegetativer Boden	13,76	28.911,33	57.822,67	43.367,00	397.800,00	795.600,00	596.700,00
Saatgut, Mulch, Düngemittel	13,76	2.223,95	4.447,90	3.335,92	30.600,00	61.200,00	45.900,00
Gasmanagementsystem	13,76	64.494,51	77.838,20	71.166,36	887.400,00	1.071.000,00	979.200,00
Ablaufsteuerungssystem	13,76	11.119,74	15.567,64	13.343,69	153.000,00	214.200,00	183.600,00
QA/QC	13,76	166.796,15	222.394,87	194.595,51	2.295.000,00	3.060.000,00	2.677.500,00
Gesamt		**504.836,35**	**725.007,26**	**614.921,81**	**6.946.200,00**	**9.975.600,00**	**8.460.900,00**

Tabelle 8.5 Ökonomische Analyse der Deponierung: Stilllegungskosten (Angloamerikanisch)

Aufgabe	Fläche [Acre]	Kosten [€/Acre]			Gesamtkosten [€]		
		Min.	Max.	Durchschnitt	Min.	Max.	Durchschnitt
Abschlussgutachten	34,00	2.700,00	5.400,00	4.050,00	91.800,00	183.600,00	137.700,00
Gasmanagement-Schicht	34,00	21.600,00	28.800,00	25.200,00	734.400,00	979.200,00	856.800,00
Verdichtete Keramikabdeckung	34,00	23.400,00	45.900,00	34.650,00	795.600,00	1.560.600,00	1.178.100,00
Geomembran	34,00	16.200,00	20.700,00	18.450,00	550.800,00	703.800,00	627.300,00
Geokomposit	34,00	29.700,00	39.600,00	34.650,00	1.009.800,00	1.346.400,00	1.178.100,00
Bedeckung und vegetativer Boden	34,00	11.700,00	23.400,00	17.550,00	397.800,00	795.600,00	596.700,00
Saatgut, Mulch, Düngemittel	34,00	900,00	1.800,00	1.350,00	30.600,00	61.200,00	45.900,00
Gasmanagementsystem	34,00	26.100,00	31.500,00	28.800,00	887.400,00	1.071.000,00	979.200,00
Ablaufsteuerungssystem	34,00	4.500,00	6.300,00	5.400,00	153.000,00	214.200,00	183.600,00
QA/QC	34,00	67.500,00	90.000,00	78.750,00	2.295.000,00	3.060.000,00	2.677.500,00
Gesamt		**204.300,00**	**293.400,00**	**248.850,00**	**6.946.200,00**	**9.975.600,00**	**8.460.900,00**

Tabelle 8.6 Ökonomische Analyse der Deponierung: Kosten nach der Stilllegung und Instandhaltung (Metrisch)

Aufgabe	Fläche [m²]	Kosten [€/m²] pro Jahr			Gesamtkosten [€] pro Jahr		
		Min.	Max.	Durchschnitt	Min.	Max.	Durchschnitt
Sicherheits- und Zaunreparatur	13,76	7,41	14,83	11,12	102,00	204,00	153,00
Wartung von Kappen und Deckeln	13,76	741,32	1.401,09	1.071,20	10.200,00	19.278,00	14.739,00
Wartung der Sickerwassermechanik	13,76	2.223,95	2.965,26	2.594,61	30.600,00	40.800,00	35.700,00
Wartung der Anlagenmechanik	13,76	1.111,97	1.408,50	1.260,24	15.300,00	19.380,00	17.340,00
Prüfspitzen	13,76	49,42	74,13	61,78	680,00	1.020,00	850,00
Umweltüberwachung	13,76	1.111,97	1.420,86	1.266,42	15.300,00	19.550,00	17.425,00
Kosten pro Jahr		5.246,05	7.284,67	6.265,36	72.182,00	100.232,00	86.207,00
Gesamtkosten		**157.381,43**	**218.540,02**	**187.960,73**	**2.165.460,00**	**3.006.960,00**	**2.586.210,00**

Tabelle 8.7 Ökonomische Analyse der Deponierung: Kosten nach der Stilllegung und Instandhaltung (Angloamerikanisch)

Aufgabe	Fläche [Acre]	Kosten [€/Acre] pro Jahr			Gesamtkosten [€] pro Jahr		
		Min.	Max.	Durchscnitt	Min.	Max.	Durchchnitt
Sicherheits- und Zaunreparatur	34,00	2,70	5,40	4,05	91,80	183,60	137,70
Wartung von Kappen und Deckeln	34,00	270,00	510,30	390,15	9.180,00	17.350,20	13.265,10
Wartung der Sickerwassermechanik	34,00	810,00	1.080,00	945,00	27.540,00	36.720,00	32.130,00
Wartung der Anlagenmechanik	34,00	405,00	513,00	459,00	13.770,00	17.442,00	15.606,00
Prüfspitzen	34,00	18,00	27,00	22,50	612,00	918,00	765,00
Umweltüberwachung	34,00	405,00	517,50	461,25	13.770,00	17.595,00	15.682,50
Kosten pro Jahr		1.910,70	2.653,20	2.281,95	64.963,80	90.208,80	77.586,30
Gesamtkosten		**57.321,00**	**79.596,00**	**68.458,50**	**1.948.914,00**	**2.706.264,00**	**2.327.589,00**

8.2 Ökonomische Analyse der Verbrennung mit Energierückgewinnung

Tabelle 8.8 Ökonomische Analyse der Verbrennung mit Energierückgewinnung: Annahmen

Generell	
Kaufkraftparitätsumrechnungsfaktor (Kroatien)	0,60
Lebensdauer [Jahre]	35
Jährliche Abfallkapazität [t]	100.000
Gesamte Abfallkapazität (35 Jahre) [t]	3.500.000
Wirkungsgrad des Dampferzeugers [%]	80
Kunststoffanteil im Siedlungsabfall [%]	11,69
Prozentualer Anteil der Wärme an der erzeugten Energie [%]	75
Prozentualer Anteil des Stroms an der erzeugten Energie [%]	25
Energie pro Kubikmeter in Gas [kWh]	12,50
Durchschnittlicher unterer Heizwert MSW [MJ / kg]	0,00
Durchschnittlicher unterer Heizwert Kunststoff [MJ / kg]	2,54
Kosten / Umsatz pro kWh Strom [€ / kWh]	0,2920
Umsatz pro kWh Strom [€ / kWh]	0,1310
Kosten / Umsatz pro Kubikmeter Gas [€ / m³]	0,6400

Tabelle 8.9 Ökonomische Analyse der Verbrennung mit Energierückgewinnung: Investitionskosten

Art der Kosten	Kosten Kroatien [€]	Kaufkraftparität-umrechnungsfaktor	Kosten Deutschland [€]
Infrastruktur und Lagerung von Abfällen	4.600.000,00	0,60	7.666.666,67
Verbrennungssystem und Dampferzeuger	19.500.000,00		32.500.000,00
Wasser- und Dampfsystem	8.000.000,00		13.333.333,33
Design	2.000.000,00		3.333.333,33
Konstruktion	7.000.000,00		11.666.666,67
Elektromechanische Installationen	5.000.000,00		8.333.333,33
Trocknungsvorgang	1.200.000,00		2.000.000,00
Filterbeutel	2.200.000,00		3.666.666,67
Selektives, nicht-katalytisches Reduktionssystem	800.000,00		1.333.333,33
Sonstige Investitionskosten	6.000.000,00		10.000.000,00
Gesamt	**56.300.000,00**		**93.833.333,33**

Tabelle 8.10 Ökonomische Analyse der Verbrennung mit Energierückgewinnung: Betriebs- und Wartungskosten

Art des Personals	Anzahl p. Schicht	Bruttokosten p. Person p. Jahr [€]	Schichten pro Tag	Gesamtkosten [€]
Arbeiter	15	40.000,00	3	1.800.000,00
Umweltingenieur	5	100.000,00	3	1.500.000,00
Wartungsarbeiter	3	75.000,00	3	675.000,00
Manager (Energietechnik)	1	120.000,00	3	360.000,00
Art der Kosten	**Kosten Kroatien [€]**	**Kaufkraftparität-umrechnungsfaktor**		**Kosten Deutschland [€]**
Systemwartung (7% der Invest.)	7.443.333,33	0,60		6.568.333,33
Prozesswasser	12.000,00			20.000,00
Erdgas	85.000,00			141.666,67
Reagenz für SNCR	80.000,00			133.333,33
Reagenz für halbtrockene Behandlung	70.000,00			116.666,67
Rost- und Kesselasche-Entsorgung	1.380.000,00			2.300.000,00
Flugasche aus Dampferzeuger	138.000,00			230.000,00
Beutelfilterrückstände	1.575.000,00			2.625.000,00
Emissionsgebühren	13.560,00			22.600,00
Art der Kosten	**Verbrauch pro Tonne Abfall [MWh/t]**	**Verbrauch pro Jahr [MWh]**	**Kosten pro MWh [€/MWh]**	**Gesamtkosten [€]**
Elektrizität	0,50	50.000,00	292,00	7.300.000,00
Wärme	0,35	35.000,00	51,20	627.200,00
Jährliche Betriebs- und Wartungskosten [€]				**24.419.800,00**
Betriebs- und Wartungskosten insgesamt [€]				**854.693.000,00**

Tabelle 8.11 Ökonomische Analyse der Verbrennung mit Energierückgewinnung: Durchschnittlicher unterer Heizwert von Kunststoffen

Art des Plastiks	LHV [MJ / kg]	% im Abfall [%]	Gesamt [MJ / kg]
PET	23,2	10,95	2,54
HDPE	44,6	13,29	5,93
PP	42,7	16,79	7,17
LDPE	42,2	27,59	11,64
PVT	19,2	10,95	2,10
PS	42,0	5,54	2,33
Andere	25,0	14,89	3,72
Gesamt [MJ/kg]			**35,43**

Tabelle 8.12 Ökonomische Analyse der Verbrennung mit Energierückgewinnung: Durchschnittlicher niedrigerer Heizwert der Siedlungsabfälle

Art der Abfälle	LHV [MJ / kg]	% im Abfall [%]	Gesamt [MJ / kg]
Papier	19,12	15,64	2,99
Glas	0,00	5,26	0,00
Metalle	0,00	1,23	0,00
Kunststoffe	35,43	11,69	4,14
Sperrmüll	11,63	5,08	0,59
Bio- und Hausmüll	6,05	38,18	2,31
Gartenbeschnitte	6,98	13,48	0,94
Andere	21,05	9,44	1,99
Gesamt [MJ / kg]			**12,96**

8.3 Ökonomische Analyse des Kunststoffrecyclings

Tabelle 8.13 Ökonomische Analyse des Kunststoffrecyclings: Annahmen

Prozentsatz von PET in Kunststoffabfällen [%]	10,95
Preis von recyceltem PET-Granulat [€/kg]	0,48
Strompreis [€/kWh]	0,2920
Dieselpreis [€/l]	1,2695
Wasserpreis [€/l]	0,0023

Tabelle 8.14 Ökonomische Analyse des Kunststoffrecyclings: MSA Annahmen

Lebensdauer [Jahre]	20
Jährliche Arbeitsstunden [h]	0
Verarbeiteter Abfall pro Stunde [t]	30
Jahresabfallverarbeitung [t]	120.000
Gesamtabfallverarbeitung [t]	2.400.000
Anteil an Rückständen [%]	2
Korrektheit der manuellen Sortierung von Kunststoff [%]	95
Schichten pro Tag	2,0
Stunden pro Schicht [h]	8,5
Pausenzeit pro Schicht [h]	0,5
Effektive Arbeitszeit [h]	8,0
Arbeitstage pro Woche [Tage]	5
Wochen pro Jahr [Wochen]	52
Jährliche Arbeitsstunden [h]	4.160,0

Tabelle 8.15 Ökonomische Analyse des Kunststoffrecyclings: MSA Investitionskosten

Gebäude und Gelände	**Anfangs-investition**
Land [€]	675.000
Baustellenarbeiten [€]	720.000
Waagenhaus [€]	600.000
MSA Gebäude [€]	8.600.000
Konstruktion, Planung und Vermessung [€]	3.500.000
Maschinen	**Anfangs-investition**
Dosiersystem [€]	150.000
Ballistikseparator [€]	175.000
Lochtrommelsieb [€]	220.000
Schlitztrommelsieb [€]	280.000
Recyclingmagnete [€]	35.000
Wirbelstromscheider [€]	128.000
Optische Kunststoffsortieranlage [€]	225.000
Ballenpresse [€]	550.000
Zusatzausstattung	**Anfangs-investition**
Förderband [€]	50.000
Fahrzeuge (z.B. Frontlader) [€]	350.000
Sammelwagen [€]	1.000.000
Gesamtinvestitionskosten [€]	**17.258.000**

Tabelle 8.16 Ökonomische Analyse des Kunststoffrecyclings: MSA Betriebs- & Wartungskosten

Art des Personals	**Anzahl p. Schicht**	**Kosten p. Person p. Jahr [€]**	**Schichten pro Tag**		**Gesamt-kosten [€]**
Werkleiter	1	90.000,00			180.000,00
Betriebsleiter	2	55.000,00			220.000,00
Sortierer	25	30.000,00	3		1.500.000,00
Waagenhausbetreuer	2	37.500,00			150.000,00
Anlagenbetreiber	4	35.000,00			280.000,00
Arbeiter auf dem Kippboden	2	30.000,00			120.000,00
Marketing Manager	2	50.000,00	1		100.000,00
Anlagenkosten					**Kosten pro Jahr[$]**
Verbrauchsmaterial/ Dienstleistungen					28.000,00
Ballenpresse Draht					250.000,00
Versicherung					45.000,00
Adminstration					20.000,00
Maschinen - Betriebskosten	**Wirkungsgrad [%]**	**Strom-verbrauch [kW]**	**Betriebs-stunden pro Jahr [h]**	**Stromkosten pro kWh [€/kWh]**	**Jährliche Stromkosten [€]**
Dosiersystem [€]	100,00	15,00			18.220,80
Ballistikseparator [€]	70,00	8,50			10.325,12
Lochtrommelsieb [€]	97,00	30,00			36.441,60
Schlitztrommelsieb [€]	91,00	10,00	4160	0,292	12.147,20
Recyclingmagnete [€]	98,00	4,00			4.858,88
Wirbelstromscheider [€]	97,00	9,00			10.932,48
Optische Kunststoffsortiermaschine [€]	98,00	13,00			15.791,36
Ballenpresse [€]	100,00	63,00			76.527,36
Maschinen - Wartungskosten					**Wartungs-kosten pro Jahr [€]**
Dosiersystem [€]					100,00
Ballistikseparator [€]					10.000,00
Lochtrommelsieb [€]					10.000,00
Schlitztrommelsieb [€]					10.000,00
Recyclingmagnete [€]					5.000,00
Wirbelstromscheider [€]					5.000,00
Optische Kunststoffsortiermaschine [€]					5.000,00
Ballenpresse [€]					5.000,00
Förderband - Betriebskosten	**Wirkungsgrad [%]**	**Strom-verbrauch [kW/h]**	**Betriebs-stunden pro Jahr [h]**	**Stromkosten pro kWh [€/ kWh]**	**Jährliche Stromkosten [€]**
Förderband	100,00	5,60	4.160	0,292	6802,43
Förderband - Wartungskosten					**Wartungs-kosten pro Jahr [€]**
Förderband					10.000,00
Intralogistik - Betriebskosten	**Wirkungsgrad [%]**	**Diesel-verbrauch [L/t]**	**Abfall pro Jahr[t]**	**Dieselpreis [€/l]**	**Jährlich Dieselkosten [€]**
Intralogistik	100,00	10,00	120.000	1,2695	1.523.400,00
Intralogistik - Wartungskosten					**Wartungs-kosten pro Jahr [€]**
Intralogistik					5.000,00
Rückstandskosten	**Prozentsatz an Rückständen [%]**	**Rückstände pro Jahr [t]**	**Kosten pro Tonne Abfall [€]**		**Gesamtkosten pro Jahr [€]**
Rückstände Kosten pro Jahr	2	2.400	40		96.000,00
Transport- und Sammlungskosten	**Tonnen pro Jahr [t]**		**Transportkosten pro Tonne [€/t]**		**Gesamttrans-portkosten pro Jahr [€]**
Transporte und Sammlung pro Jahr	120.000		22,5		2.700.000,00
Jährliche Betriebs- und Wartungskosten [$]					7.469.547,23
Gesamtbetriebs- und Wartungskosten (10 Jahre) [$]					**149.390.944,60**

Tabelle 8.17 Ökonomische Analyse des Kunststoffrecyclings: Kunststoffaufbereitung Annahmen

Lebensdauer [Jahre]	20
Jährliche Arbeitsstunden [h]	6.240
Jährlich PET Kapazität [t]	15.000
Gesamtabfallkapazität [t]	300.000
Trenneffizienz [%]	91
Euro - Pfund Kurs [€ / £]	1,10
Schichten pro Tag	3,0
Stunden pro Schicht [h]	8,5
Pausenzeit pro Schicht [h]	0,5
Effektive Arbeitszeit [h]	8,0
Arbeitstage pro Woche [Tage]	5,0
Wochen pro Jahr [Wochen]	52,0
Jährliche Arbeitsstunden [h]	6.240,0

Tabelle 8.18 Ökonomische Analyse des Kunststoffrecyclings: Kunststoffaufbereitung Investitionskosten

Maschinenbezeichnung	**Investition [£]**	**Euro - Pfund Kurs [€/£]**	**Investition [€]**
Design und Projektmanagement	800.000,00	1,10	880.000,00
Bauingenieurwesen	1.200.000,00		1.320.000,00
Land			590.000,00
Bauarbeiten			630.000,00
Maschinenbezeichnung	**Investition [£]**	**Euro - Pfund Kurs [€/£]**	**Investition [€]**
Ballenbrecher	5.620.000,00	1,10	6.182.000,00
Flake Waschstation (inkl. Granulieren, Trocknen, Waschen)	9.444.000,00		10.388.400,00
PET-Extrusionsanlage	2.643.000,00		2.907.300,00
Dosieberhälter			150.000,00
Maschineninvestitionskosten [€]	19.477.700,00		
Investitionskosten Ausstattung			**Initale Investition [$]**
Fahrzeuge			150.000,00
Gesamtinvestitionskosten [€]			**23.047.700,00**

Tabelle 8.19 Ökonomische Analyse des Kunststoffrecyclings: Kunststoffaufbereitung Betriebs- und Wartungskosten

Art des Personals	**Anzahl pro Schicht**	**Kosten pro Person pro Jahr [€]**	**Schichten pro Tag**	**Gesamtkosten [€]**
Sortierung und Ballenbrechen	6	30.000,00	3	540.000,00
Flakereinigung	2	30.000,00		180.000,00
PET-Extrusion	2	30.000,00		180.000,00
Abfallverwertung	2	30.000,00		180.000,00
Anlagenbetreiber	4	35.000,00		420.000,00
Wartungspersonal	2	62.715,00		376.290,00
Betriebsleiter	1	89.000,00		267.000,00
Marketing Manager	1	50.000,00	1	50.000,00

Maschinen - Wartungskosten	**Investition [€]**	**Instandhaltung [%]**	**Wartungskosten[$]**
Wartungskosten von Maschinen	19.477.700,00	5	973.885,00

Maschinen - Betriebskosten	**Stromverbrauch [kWh/t]**	**Strompreis [€/kWh]**	**Wasserverbrauch [L/t]**	**Wasserpreis [€/L]**	**Tonnen pro Jahr [t]**	**Gesamtkosten [€]**
Ballenbrecher	8,00	0,292	0,00	0,0023	15.000	35.040,00
Flake Waschanlage	350,00		1,80			1.533.060,75
PET-Extrusion	325,00		0,40			1.423.513,50
Dosieberhälter	1,50		0,00			6.570,00

Schienenfahrzeuge - Betriebskosten	**Dieselverbrauch [L/t]**	**Abfall pro Jahr[t]**	**Dieselpreis [€/L]**	**Jährliche Dieselkosten [€]**
Fahrzeuge	10,00	15.000	1,2695	190.425,00
Jährliche Betriebs- und Wartungskosten [€]				6.355.784,25
Betriebs- und Wartungskosten insgesamt [€]				**127.115.685,00**

8.4 Optimierungsmöglichkeit I: Reduktion der Sortiervorgänge

Tabelle 8.20 Ökonomische Analyse von Optimierungsmöglichkeit I: Annahmen

Prozentsatz von PET in Kunststoffabfällen [%]	10,95
Preis von recyceltem PET-Granulat [€/kg]	0,48
Strompreis [€/kWh]	0,2920
Dieselpreis [€/l]	1,2695
Wasserpreis [€/l]	0,0023
Lebensdauer [Jahre]	20
Jährliche Arbeitsstunden [h]	0
Verarbeiteter Abfall pro Stunde [t]	30
Jahresabfallverarbeitung [t]	120.000
Gesamtabfallverarbeitung [t]	2.400.000
Anteil an Rückständen [%]	2
Korrektheit der manuellen Sortierung von Kunststoff [%]	95
Schichten pro Tag	2,0
Stunden pro Schicht [h]	8,5
Pausenzeit pro Schicht [h]	0,5
Effektive Arbeitszeit [h]	8,0
Arbeitstage pro Woche [Tage]	5
Wochen pro Jahr [Wochen]	52
Jährliche Arbeitsstunden [h]	4.160,0

Tabelle 8.21 Ökonomische Analyse von Optimierungsmöglichkeit I: Zusätzliche Investitionskosten

Investitionskosten Zusätzliches Gebäude und Grundstück	**Initialinvestition [$]**
Land [€]	675.000
Baustellenarbeiten [€]	720.000
Waagenhaus [€]	600.000
Zusätzliches MSA Gebäude [€]	8.600.000
Investitionskosten Zusätzlicher Maschinen	**Initialinvestition [$]**
Dosierbehälter[$]	150.000,00
Optische PET-Sortiermaschine[$]	225.000,00
Ballenpresse[$]	550.000,00
Investitionskosten Zusätzlicher Ausrüstung	**Initialinvestition [$]**
Dosiersystem [€]	150.000,00
Optische Kunststoffsortiermaschine [€]	225.000,00
Ballenpresse [€]	550.000,00
Gesamte Zusätzliche Investitionskosten [€]	**3.950.000,00**

Tabelle 8.22 Ökonomische Analyse von Optimierungsmöglichkeit I: Zusätzliche Betriebs- und Wartungskosten

Personalgehälter pro Jahr	**Anzahl p. Schicht**	**Kosten p. Person p. Jahr [€]**	**Schichten pro Tag**		**Gesamtkosten [€]**
Sortierung und Ballenbrechen	6	30.000,00	3		540.000,00
Flakereinigung	2	30.000,00			180.000,00
LDPE-PP-Extrusion	2	30.000,00			180.000,00
Abfallverwertung	2	30.000,00			180.000,00
Anlagenbetreiber	4	35.000,00			420.000,00
Anlagenkosten pro Jahr					**Kosten pro Jahr [€]**
Bindedraht					250.000,00
Maschinen - Betriebskosten	**Wirkungsgrad [%]**	**Stromverbrauch [kW]**	**Betriebsstunden pro Jahr [h]**	**Stromkosten pro kWh [€/kWh]**	**Jährliche Stromkosten [€]**
Dosierbehälter	100,00	15,00	6.240	0,0996	9.322,56
Optische PET-Sortiermaschine	98,00	13,00			8.079,55
Ballenpresse	100,00	63,00			39.154,75
Maschinen - Wartungskosten					**Wartungskosten pro Jahr [$]**
Dosierbehälter					100,00
Optische PET-Sortiermaschine					5.000,00
Ballenpresse					5.000,00
Intralogistik - Betriebskosten	**Wirkungsgrad [%]**	**Dieselverbrauch [L/t]**	**Abfall pro Jahr[t]**	**Dieselpreis [€/l]**	**Jährlich Dieselkosten [€]**
Intralogistik	100,00	10,00	100.000	1,2695	1.269.500,00
Intralogistik - Wartungskosten					**Wartungskosten pro Jahr [€]**
Intralogistik					5.000,00
Transport- und Sammlungskosten	**Tonnen pro Jahr [t]**		**Transportkosten pro Tonne [€/t]**		**Gesamttransportkosten pro Jahr [€]**
Transporte und Sammlung pro Jahr	100.000		22,5		2.250.000,00
Jährliche Betriebs- und Wartungskosten [€]					4.913.409,28
Gesamtbetriebs- und Wartungskosten [€]					**98.268.185,60**

8.5 Optimierungsmöglichkeit II: Upcycling von Kunststoffabfall durch Mischen von PE-LD und PP

Tabelle 8.23 Ökonomische Analyse von Optimierungsmöglichkeit II: Zusätzliche Investitionskosten für MSA

Zusätzliche Investitionskosten					Anfangsinvestition [€]
LDPE-PP Sortierer					900.000,00
Zusätzliche Betriebskosten	**Wirkungsgrad [%]**	**Stromverbrauch [kW]**	**Betriebsstunden pro Jahr [h]**	**Stromkosten pro kWh [€/kWh]**	**Jährliche Stromkosten [€]**
LDPE-PP Sortierer	95,00	40,00	4160	0,292	48.588,80
Zusätzliche Wartungskosten					**Wartungskosten pro Jahr [€]**
LDPE-PP Sortierer					10.000,00
Zusätzliche MSA Kosten insgesamt [€]					**2.071.776,00**
Zusätzliche MSA Kosten pro Tonne Kunststoffmüll [€/t]					**0,97**

Tabelle 8.24 Ökonomische Analyse von Optimierungsmöglichkeit II: Zusätzliche Investitionskosten für Kunststoffaufbereitung

Gebäude und Gelände	Investition [£]	Euro - Pfund Kurs [€/£]	Investition [€]
Design und Projektmanagement	500.000,00	1,10	550.000,00
Land			590.000,00
Bauarbeiten			630.000,00
Maschinen	**Investition [£]**	**Euro - Pfund Kurs [€/£]**	**Investition [€]**
Ballenbrecher	5.620.000,00		6.182.000,00
Flake Waschstation (inkl. Granulieren, Trocknen, Waschen)	9.444.000,00	1,10	10.388.400,00
LDPE-PP-Extrusionsanlage	1.422.000,00		1.564.200,00
Dosieberhälter			150.000,00
Zusätzliche Ausrüstung			**Investition [€]**
Fahrzeuge			50.000,00
Gesamtinvestitionskosten[$]			**19.954.600,00**

Tabelle 8.25 Ökonomische Analyse von Optimierungsmöglichkeit I: Zusätzliche Betriebs- und Wartungskosten für Kunststoffaufbereitung

Art des Personals	Anzahl pro Schicht	Kosten pro Person pro Jahr [€]		Schichten pro Tag		Gesamtkosten [€]
Sortierung und Ballenbrechen	6	30.000,00		3		540.000,00
Flakereinigung	2	30.000,00				180.000,00
LDPE-PP-Extrusion	2	30.000,00				180.000,00
Abfallverwertung	2	30.000,00				180.000,00
Anlagenbetreiber	4	35.000,00				420.000,00
Maschinen - Wartungskosten	**Investitionskosten [€]**			**Instandhaltung [%]**		**Wartungskosten [€]**
Wartungskosten von Maschinen	18.134.600,00			5		906.730,00
Maschinenbezeichnung	**Stromverbrauch [kWh/t]**	**Strompreis [€/kWh]**	**Wasserverbrauch [L/t]**	**Wasserpreis [€/L]**	**Tonnen pro Jahr [t]**	**Gesamtkosten [€]**
Ballenbrecher	8,00	0,292	0,00	0,0023	15.000	35.040,00
Flake Waschanlage	350,00		1,80			1.533.060,75
LDPE-PP-Extrusion	275,00		0,40			1.204.513,50
Dosieberhälter	1,50		0,00			6.570,00
Schienenfahrzeuge - Betriebskosten	**Dieselverbrauch [L/t]**	**Abfall pro Jahr [t]**		**Dieselpreis [€/L]**		**Jährlich Dieselkosten [€]**
Rollmaterial	10,00	15.000		1,2695		190.425,00
Jährliche Betriebs- und Wartungskosten [€]						**5.376.339,25**
Gesamtbetriebs- und Wartungskosten [€]						**107.526.785,00**

Index

W

Z